JN270224

宇宙を見て、感じて、楽しもう
星空を見るとき、人はそこに日常とは違う
別の世界を感じ取ります。

古代の人々は星空に神々の世界を感じ取りました。
現代人は、美しい星空に、広い空間からやってくる癒し効果を感じ取るでしょう。
天文学者は地上実験では見つけられない新しい自然法則を宇宙のなかに見つけます。
服部完治撮影

星座を見つけよう

人々は星と星をつなげ、動物や人の姿に見たてて星座を作りました。それぞれの地域、それぞれの民族に独自の星座があるものです。

オリオン座はどこ？

冬の星座の代表格はオリオン座です。三つ星とそれを囲む四角形の美しい姿を見つけてみましょう。星空案内人になれば、あなたは、勇者オリオンの物語を語ることができます。また、あなたは三つ星の南側のあたりで星が誕生するようすを語ることができます。あなたは、望遠鏡を操って、星ができつつあるあたりの美しい星雲を見つけることができます。そんな星空案内人になるための最も基本的なことがらがこの本にはまとめられています。

オリオン座　小林良亜撮影

星空案内人資格認定制度ロゴ
福島茂良作

星座を見つけるコツ

明るい星を見つけることからはじめましょう。星座早見盤やパソコンのプラネタリウムソフトを使うと、日付と時刻から明るい星のだいたいの位置を知ることができます。すると、夏の大三角のような手がかりの星を確かにとらえることができます。そこを糸口として、少しずつ星座を見つけだしていくのはとても楽しい経験です。こんな楽しい経験の手助けをしてくれるのが、「星のソムリエ」の愛称を持つ星空案内人です。

さそり座を探してみよう

オリオンが沈むと同時にさそり座が現れます。さそりの毒針に倒れたオリオンが、今でもさそりを恐れているからといわれます。さそり座の姿はとてもはっきりしていて、見つけやすいものです。しかし、さそり座は、黄道と呼ばれる太陽が通る道筋の上にあります。なので、惑星たちもここをよく通過します。この写真には木星が写っていて、それと知らないと星座を見つけるとき、惑ってしまいます。

さそり座　山本春代撮影

人々の思い描いた天の世界

西洋の人々にとって、星空とは、神々の世界が描かれた巨大な天井画でした。中国では天界もまた一つの社会で、地上の社会組織がそのまま反映されています。

パルディー天球図（17 世紀・フランス）

銅版印刷の発達に伴い、近世ヨーロッパでは美しい天球図が数多く出版されました。図はオリオン座を中心とした冬の星座の部分で、左下にギリシャ神話のアルゴ船を描いたアルゴ座が見られます。この古い星座は、現在では「とも」「ほ」「りゅうこつ」「らしんばん」の四星座に分割されています。

千葉市立郷土博物館蔵

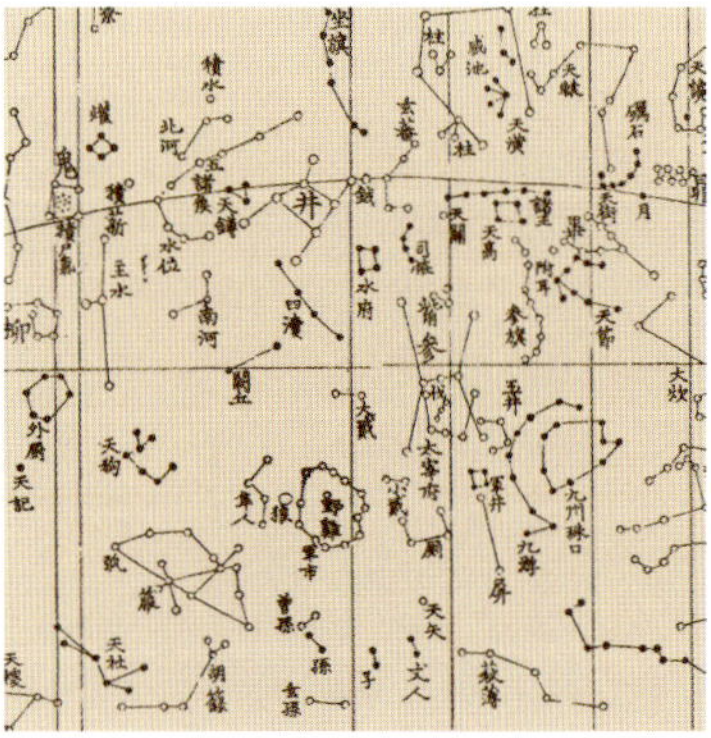

中国の星座

中央付近の「参」は、オリオン座の三つ星で、月の通り道に作られた二十八宿の１つ。「狼」はシリウスです。

岩橋善兵衛著『平天儀図解』掲載図より合成

おりひめ星とひこ星(ベガとアルタイル)

夏から秋にかけて、山奥などで満天の星を見上げると、まるで雲のような天の川と、その両側に輝くベガとアルタイルがひときわ目立ちます。確かにこの二星は、川を隔ててお互い見つめ合っているようなイメージです。

加藤詩乃撮影

中国の年画に描かれた織女と牽牛

七夕の物語は、現代の中国でも「天河配」という民間戯曲として、各地で盛んに演じられています。図は年のはじめに家に貼る年画で、七夕の芝居のようすが描かれています。

早稲田大学図書館蔵

江戸時代の七夕

七夕祭りが広く庶民に普及したのは江戸時代のことです。図は広重の江戸名所百景の 1 枚ですが、七夕飾りに千両箱や大福帳が吊されていて、当時から商売繁昌を願って行われていたことがわかります。

安藤広重「市中繁栄七夕祭」三菱東京 UFJ 銀行貨幣資料館蔵

星の誕生から死まで

宇宙の歴史を語ることは星空案内人にとって重要な役割です。第3章では、現代天文学が解明した宇宙の歴史を語ります。

散光星雲（オリオン星雲）

宇宙空間にある低温で濃いガスの雲はやがて自らの重さのために収縮、分裂をくり返し、たくさんの星を形成します。最初にできた星々はあたりを照らし、まだ星になっていない濃いガスを光らせます。

©NASA,ESA, M. Robberto (Space Telescope Science Institute/ESA) and the Hubble Space Telescope Orion Treasury Project Team

散開星団
（プレアデス星団、和名 すばる）

たくさんの星が誕生し、雲が晴れると、星の集まりとして見えます。きらめく星団はまるで宝石を散りばめたブローチのようです。

伊中明撮影

超新星残骸（かに星雲）

生まれたばかりの元気な星もやがて年をとり、輝くための燃料を使いはたし、死を迎えます。重い星の最期は超新星爆発です。かに星雲は1054年にその爆発が観測され、現在ではその跡が星雲として見えています。

国立天文台提供

惑星状星雲（あれい星雲）

軽い星は、星の外層部分を宇宙空間に放出させ、一方、中心核が小さく固まった白色矮星になります。放出したガスはとてもきれいな発光をして、私たちを楽しませてくれます。

やまがた天文台提供

宇宙はどんな世界？

誕生と死を繰り返す星たちはいろいろなサイズの集落を作っています。

その広がりを探求するとそこに見えてくるのは宇宙の過去の姿です。

渦巻銀河 M31（アンドロメダ銀河）

銀河は一千万個にもおよぶ巨大な星の集団です。渦巻銀河では、星だけでなく大量のガスや塵が渦巻状に見えています。M31 までの距離はおよそ 230 万光年です。

伊中明撮影

球状星団 M13（ヘルクレス座）

数十万個にもおよぶ星が互いの引力によって集まっています。双眼鏡や小さな望遠鏡で見るとふんわりした球形に見えます。M13 までの距離はおよそ 2 万光年です。

やまがた天文台提供

渦巻銀河 M104（おとめ座）

渦巻銀河を横から見たことところです。薄い円盤状ですが、中心付近にはふくらんだ丸い星の集団があります。M104 までの距離は約 5000 万光年です。
©NASA and The Hubble Heritage Team (STScI/AURA)

楕円銀河 ESO 325-G004（ケンタウルス座）

渦巻銀河を周りに従えた、巨大な星の集団として楕円銀河が見えています。この楕円銀河は約 4.5 億光年彼方にあります。
©NASA, ESA, and The Hubble Heritage Team (STScI/AURA)

銀河団 A2218（りゅう座）

銀河はたくさん集まって銀河団を形成します。銀河団は光を曲げ、レンズの働きをします。この銀河団は約 20 億光年先にあり、ゆがんだ像として見えている銀河は約 40 億光年彼方にあります。
©NASA, Andrew Fruchter and the ERO Team [Sylvia Baggett (STScI), Richard Hook (ST-ECF), Zoltan Levay (STScI)] (STScI)

星空案内で人気の天体

星空案内は幸せを売る仕事。案内人と宇宙が作り出す総合芸術です。

地球照

月の欠けている部分がぼんやりと明るく、月面の模様すら見えます。これは地球照と呼ばれる現象です。太陽からの光が地球で反射され、それが月を照らしているのです。

鈴木静兒撮影

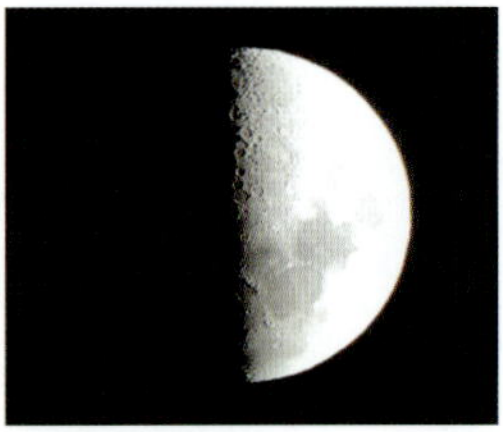

月

星空案内で人気ナンバーワンは月です。小型の望遠鏡でも迫力ある月面地形が楽しめます。小型望遠鏡と携帯電話に附属したカメラでもこのような写真が撮れます。

やまがた天文台提供

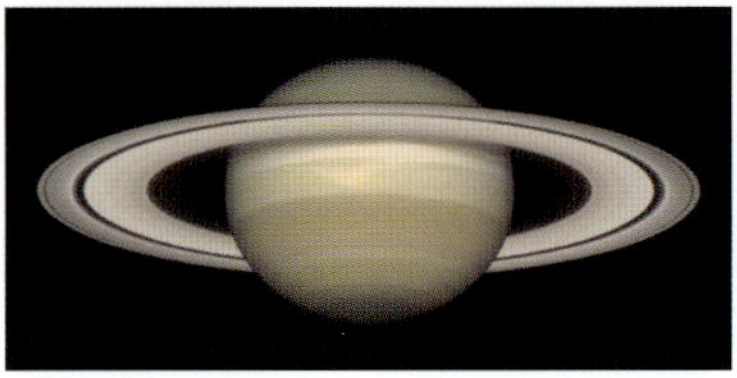

土星

二番目に人気のある天体は、木星と土星です。土星には輪があり、「これは不思議な星だな」という印象です。星空案内では、本物の木星や土星が目の前に現われ、感動を呼びます。
©NASA and The Hubble Heritage Team (STScI/AURA)

二重星 アルビレオ（はくちょう座）

三番目に人気のあるのは二重星です。アルビレオは青とオレンジの色の対比が美しく、宮沢賢治の「銀河鉄道の夜」では、サファイアとトパーズにたとえられています。

国立天文台提供

スペクトル

星の光を虹色に分解したものをスペクトルといいます。光は電磁波という波で、振動数、あるいは、波長の違いが色の違いとして人間の目に映ります。

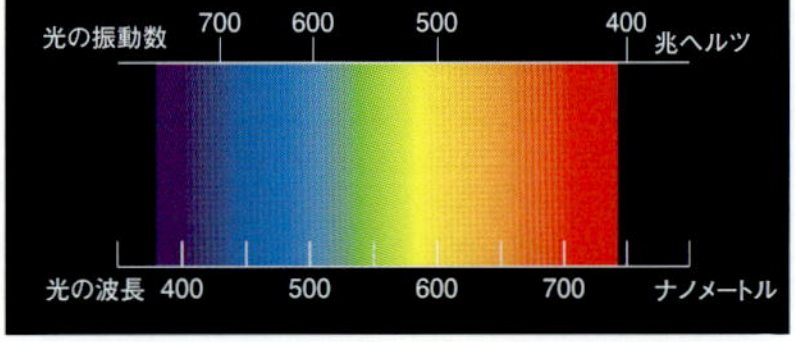

知りたい!サイエンス

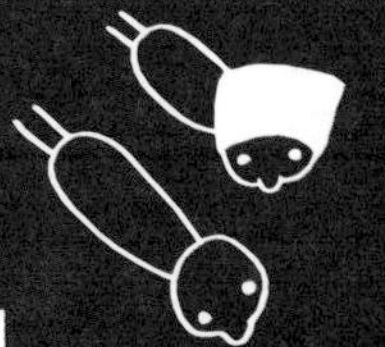

星空★星のソムリエ★案内人になろう!

夜空が教室。やさしい天文学入門

柴田晋平ほか＝著

豊富な知識と経験から
おいしいワインを選んでくれる
ソムリエのように、
星空や宇宙の楽しみ方を
教えてくれる「**星空案内人**」。
そんな**星空案内人**に
なってみたい人に向けられた
星と宇宙の入門書です。
星空と宇宙の基礎知識、
望遠鏡の使い方から、
星を上手に説明するスキルまでを
やさしく解説。
読み終えたら、あなたも、
誰かに**星**のこと、
語ってみたくなることでしょう。

技術評論社

はじめに

豊富な知識と経験からおいしいワインを選んでくれるソムリエのように、星空や宇宙の楽しみ方を教えてくれるのが「星空案内人」です。この本は、星空案内人になってみたい人のために書かれた入門書です。星空案内人には資格認定制度があり、この本はその資格を得るための養成講座の内容をもとに書かれています。「星のソムリエ」は星空案内人の愛称です。

星空案内に必要な知識は非常に幅広いものです。

星空案内では、夜空を見上げて星座や星について説明します。おりひめ星（こと座ベガ）やひこ星（わし座アルタイル）のような明るい星、木星や土星といった惑星を「あれだよ」と示してあげたいのです。星空観察の知識や技能が必要ですね。

星は長い間、人々の暮らしとともにありました。星に関係した神話や伝説があり、太陽、月、星の動きから暦が作られました。宇宙創成の物語は人類の財産です。だから、星空の文化に関する知識も必要です。

現代の宇宙物理学では、宇宙は永遠ではなく、一三七億年ほど前に誕生し、現在加速度的に膨張していることを明確に示しました。星は誕生し、死を迎えます。おうし座に西暦一〇五四年に現われた強烈な星の光りは星の最期の大爆発でした。私たちの体を作る炭素、酸素、窒素といった原子は星の中で作られました。このような科学的に明らかにされた宇宙の姿についても知りたいですね。実際の観察には、望遠鏡や双眼鏡も活躍します。観測機器の構造を知り、操作ができるようになりたいものです。

このように星空案内人に必要な知識は非常に幅広いものです。でも、どれかを一つ深く学ぶのでなく、浅く広く学ぶことから出発しましょう。

星空案内人になってからのことを想像してみてください。星空案内の基本をマスターして、隣人に星座を教えてあげられたら、星座の神話を教えてあげられたら、星の誕生について語れたら、望遠鏡をのぞかせてあげられたら、どんなにか喜んでもらえるでしょう。星空観察にはヒーリング（癒《いや》し）効果もあります。宇宙を考えることで、もっと広い心で人間の生き方を考えることができるかもしれません。

でも、星空案内を受けた人が幸せになれるとすれば、星空案内を喜んでもらえたことで私たち自身も、もう一度幸せになれます。これは幸せの自乗です。私たちはこれに「ハッピー自乗の法則」という名前を付けました。

みなさんも、私たちと一緒に星空案内人になって、宇宙を見て、感じて、楽しみましょう。

この本を片手に、さあ出発です。
いったん、星空案内の活動をはじめると、自然と知識が増え、技能も向上します。科学館や公開天文台でボランティア活動に参加すると仲間が増え、星空案内人同士で楽しい会話がはずむようになります。

このような星空案内の楽しさを一人でも多くの方に味わっていただけるように、簡単に星空案内の勉強がはじめられるように、星空案内人資格認定制度が二〇〇三年からスタートし、二〇〇六年にはかなり完成された制度になりました。そして、二〇〇七年からは全国各地に同じ考えで参加してくださる機関の協力を得て、全国組織の運営委員会で資格認定ができるようになりました。星のソムリエの資格です。この制度についてはこの本の付録で解説します。
この本は、星空案内人になるための最も基本的なことがらが学べるように作られています。この本を読んでいただければ、星空案内人というのはどんなものなのかをイメージできるようになります。また、星空案内人資格認定講座の参考書として利用していただけると思います。模擬的な資格認定試験の問題も付けましたので、ぜひ挑戦してみてください。

二〇〇七年夏

柴田　晋平

目次

目次

第7章 実践！星空ガイドツアー 221

第1章 さあ、はじめよう

1-1 宇宙を見て、感じて、楽しもう

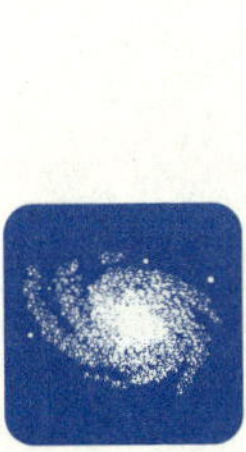

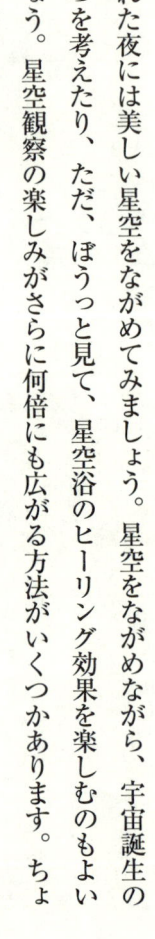

晴れた夜には美しい星空をながめてみましょう。星空をながめながら、宇宙誕生のひみつを考えたり、ただ、ぼうっと見て、星空浴のヒーリング効果を楽しむのもよいでしょう。星空観察の楽しみがさらに何倍にも広がる方法がいくつかあります。ちょっと挙げてみましょう。

図1−1は、おおぐま座です。北斗七星を含む大きな星座です。熊の姿にされてしまった母に向かって、そうとは知らず弓を放とうとする息子アルカスの悲しいお話がこのおおぐま座にはあります。小さい頃読んだ絵本のギリシア神話のこの話がやけに心に残っています。このように、星座にまつわる神話、太陽や月を使った暦のしくみなど、宇宙に関連した文化について知っていると、ずいぶんと星空を見る目も変わってきます。

このおおぐま座を望遠鏡で見ると図1−2のような美しい銀河が見えます。銀河というのはたくさんの星やガスの集まりです。写真にはすぐとなりにある別の銀河が写っています。この二つの銀河はかつて大衝突をしたと考えられています。宇宙では、

誕生以来たくさんの星が生まれ、銀河が生まれ、そして、銀河は衝突してきました。宇宙はどのような歴史をたどって現在にいたったのでしょうか？　そして、太陽系がどのようにしてでき、生命が誕生したのでしょう。このような興味はつきることがありません。宇宙物理学・天文学の成果を勉強することによって、宇宙を見る楽しみが倍増します。

銀河や星雲の写真を見ると、自分の目でこのような姿を見たくなりませんか？　美しい星雲の写真を自分の手で撮りたくなりませんか？　マイ双眼鏡や望遠鏡を手に入れ、使い方を覚え、自分で観察することを思うとわくわくします。これも宇宙の楽しみ方です。

図1-1　おおぐま座

佐藤敏秀撮影

このように、星空の文化を知り、天文学の成果を学び、望遠鏡などの観測機器を使いこなし、星空を楽しむための基本的技能や知識を持つ。これができたら、なんとすばらしいことでしょう。星空案内人、星のソムリエになれば、それも夢ではありません。自分だけが楽しむのではなく、この星空や宇宙の楽しさを隣人に伝えるのが、星空案内人・星のソムリエです。星空案内の楽しさを満喫する旅へと、さあ出発しましょう。

(*) **メシエ天体 M ○○**
星雲、星団、銀河などは「オリオン星雲」のような固有名で呼ばれることもありますが、カタログ名で呼ばれることのほうが多いかもしれません。「M81」は「メシエ天体カタログの 81 番の天体」という意味です。「エム 81」と読みます。

図 1-2　おおぐま座にある銀河のペア　M81（左）とM82（右）(*)

たくさんの星とガスが渦巻く銀河の姿はいくら見ても飽きません。この2つの銀河はかつて大衝突をしたと考えられています。
伊中明撮影

1-2 星座のルーツを探る

これまでの人類の長い歴史のなかで、人々は星と星をつなげ動物や人の姿に見立て、星座を作ってきました。それぞれの地域、それぞれの民族に独自の星座があるものです。それは確かにそうですが、さそり座とかおとめ座といった星座、つまり、私たちがギリシア神話や星占いなどでおなじみの星座たちはいったいどこからやってきたのでしょう。これは非常に気になる問題ですね。そこでクイズです。

問　私たちがなじんでいる星座たちの起源はどこにあるのでしょう。以下から選んでください。
・黄河文明
・インダス文明
・メソポタミア文明
・エジプト文明

知りたい！サイエンス

メソポタミアで生まれた星座

この問いに対する答えは、メソポタミア文明です。現在のイラクに当たる場所で、チグリス・ユーフラテス、二つの川の流域です。この地域は、定期的な川の増水を利用して灌漑《かんがい》が行われ、高い農業生産力を持っていました。紀元前三千年頃（今から、五千年ほど前）に、シュメール人の都市国家がこの地域に形成されました。その後、紀元前二十四世紀にはアッカド人がシュメール人に取って代わり、次いで、アムル人が古バビロニア王国（バビロン第一王朝）を起こし、ハンムラビ王のとき全メソポタミアを支配しました。紀元前十八世紀頃のことです。楔形文字で書かれたハンムラビ法典のことは歴史の時間に習った覚えがあるのでないでしょうか。

さて、肝心の星座ですが、「新年祭」というバビロン近郊で発掘された粘土板集にさそり座やペガスス座などの私たちにもなじみのある星座が登場します。

このように、古バビロニア王国に星座のはっきりした起源を見つけることができます。しかし、これより昔に証拠を見つけるのは難しいようです。ただ、「新年祭」の粘土板には、古バビロニア王国では使われなくなっていたシュメール語で星座の名前が書かれているところから、ここに現れる星座はより古いシュメールの伝統を受け継いだもののようです。すると、紀元前三千年もの昔に、起源をさかのぼることができるかもしれないと思えてきます。しかし、この考えに対する決定的証拠はないそうです。

とはいっても、メソポタミアの創世神話「エヌマ・エリシュ」には、最高神マルドゥクが天地を造り、神々の姿に似せて天に星座を置いたと記されています。当時の人々は、空は丸い天井で、星は天井の飾りだと考えていたようです。やがて、よく目立つ星の並びが、いつも同じ季節に、同じように見えることに気づいたのでしょう。古いメソポタミアの人々は高度な農業を営んでいたことを思い出してください。農作業をする人々にとって、種まきの時期や収穫の時期を知ることは非常に重要なことですが、それを知る目安として、星はとても便利に使えることがわかったのです。いくつかの星座は、季節の移り変わりを知る目印として作られたものと思われます（図1-3）。

彼らは、星座のなかを動きまわる惑星

図1-3　カッシートの境界石に描かれた星座と思われる図柄

大英博物館蔵（紀元前 1125 － 1100 頃）のカッシートの境界石より図版作成

の存在にも早くから気づいていたようです。星が空の模様だと思っていた彼らにとって、惑星の複雑な動きはとても不思議だったことでしょう。彼らはこれを神の兆候と考えました。

ギリシア神話と結合して発展

さて、時代はくだって紀元前八世紀のギリシアに目を移してみましょう。ギリシア文学は、神々と人間のかかわりをうたったホメロスやヘシオドスの叙事詩にはじまります。そのなかに、星や星座も登場します。メソポタミア生まれの星座たちもギリシアに伝わってきていたのでした。白い牛に化けた大神ゼウスが美しいエウロパをさらっていった話や、おおぐまとこぐまの悲しい話をごぞんじではないでしょうか。

現在、私たちがなじんでいる星座はメソポタミアで生まれ、ギリシアの神話と結合して発展しました。ギリシアで発展した天文学や星座文化の集大成が紀元二世紀に著されました。プトレマイオス（トレミー）の『メガレ・シンタクシス』という書物です。これはのちにアラビア語に訳され『アルマゲスト』と呼ばれ、その後、中世のヨーロッパに広く普及しました。そこには四十八の星座(＊)とその物語が取り上げられています。

(＊) プトレマイオスの四十八星座はP.18 参照。

混乱状態を経て、定められた八十八星座

大航海時代（十五世紀）になると、南半球から見える星々に対して星座が作られます。さらに、図1‐4に示した「こぎつね座」のように、はくちょう座やわし座といった伝統的な星座の間に、すき間家具的に小さな星座が作られてゆきました。こうして、星座作りのラッシュが起こり、個人的な趣味や権威の象徴として思い思いに星座が作られて、星座は混乱状態になってしまいました。これでは、星空を記録する上で非常に不便です。

そこで、国際天文学連合は一九二八年に八十八の星座とその境界線を定めました（表1‐1）。私たちが現在使っているのは世界共通でこの八十八星座です。星座境界線が定められたので、どの星も必ずどれかの星座に属するようになっています。

図1-4　こぎつね座

古くから伝わる「こと座」「はくちょう座」「わし座」「や座」「いるか座」のすき間に「こぎつね座」が作られました。コルデンブッシュ天球図より　千葉市立郷土博物館蔵

表1-1　八十八星座とプトレマイオスの四十八星座

★はプトレマイオスの四十八星座。
☆のりゅうこつ、とも、ほ、らしんばんの４つの星座は、アルゴという１つの星座でした。

星座名	学名	
アンドロメダ	Andromeda	★
いっかくじゅう	Monoceros	
いて	Sagittarius	★
いるか	Delphinus	★
インディアン	Indus	
うお	Pisces	★
うさぎ	Lepus	★
うしかい	Bootes	★
うみへび	Hydra	★
エリダヌス	Eridanus	★
おうし	Taurus	★
おおいぬ	Canis Major	★
おおかみ	Lupus	★
おおぐま	Ursa Major	★
おとめ	Virgo	★
おひつじ	Aries	★
オリオン	Orion	★
がか	Pictor	
カシオペヤ	Cassiopeia	★
かじき	Dorado	
かに	Cancer	★
かみのけ	Coma Berenices	
カメレオン	Chamaeleon	
からす	Corvus	★
かんむり	Corona Borealis	★
きょしちょう	Tucana	
ぎょしゃ	Auriga	★
きりん	Camelopardalis	
くじゃく	Pavo	
くじら	Cetus	★
ケフェウス	Cepheus	★
ケンタウルス	Centaurus	★
けんびきょう	Microscopium	
こいぬ	Canis Minor	★
こうま	Equuleus	★
こぎつね	Vulpecula	
こぐま	Ursa Minor	★
こじし	Leo Minor	
コップ	Crater	★
こと	Lyra	★
コンパス	Circinus	
さいだん	Ara	★
さそり	Scorpius	★
さんかく	Triangulum	★

星座名	学名	
しし	Leo	★
じょうぎ	Norma	
たて	Scutum	
ちょうこくぐ	Caelum	
ちょうこくしつ	Sculptor	
つる	Grus	
テーブルさん	Mensa	
てんびん	Libra	★
とかげ	Lacerta	
とけい	Horologium	
とびうお	Volans	
とも	Puppis	☆
はえ	Musca	
はくちょう	Cygnus	★
はちぶんぎ	Octans	
はと	Columba	
ふうちょう	Apus	
ふたご	Gemini	★
ペガスス	Pegasus	★
へび	Serpens	★
へびつかい	Ophiuchus	★
ヘルクレス	Hercules	★
ペルセウス	Perseus	★
ほ	Vela	☆
ぼうえんきょう	Telescopium	
ほうおう	Phoenix	
ポンプ	Antlia	
みずがめ	Aquarius	★
みずへび	Hydrus	
みなみじゅうじ	Crux	
みなみのうお	Piscis Austrinus	★
みなみのかんむり	Corona Australis	★
みなみのさんかく	Triangulum Australe	
や	Sagitta	★
やぎ	Capricornus	★
やまねこ	Lynx	
らしんばん	Pyxis	☆
りゅう	Draco	★
りゅうこつ	Carina	☆
りょうけん	Canes Venatici	
レチクル	Reticulum	
ろ	Fornax	
ろくぶんぎ	Sextans	
わし	Aquila	★

コラム

星座探しの練習

ちょっと休憩して星座探しの練習をしましょう。星座の説明図では、星座のイメージがわかりやすいように星と星の間を結んだ線（星座線）が引いてあります。

本当の空にはもちろん星座線はありません。星座線がないと、星座はとても見つけにくいものです。

では問題です。図１－５で、カシオペヤ座と北斗七星を見つけてください。図１－５は、北を中心とした図で、季節は春です。北斗七星はひしゃくの形をした七つの星の並びです。ひしゃくの付け根部分の星はやや暗く都会では見にくいかもしれません。カシオペヤ座はWの形です。

図1-5　ここから、カシオペヤ座と北斗七星を見つけよう

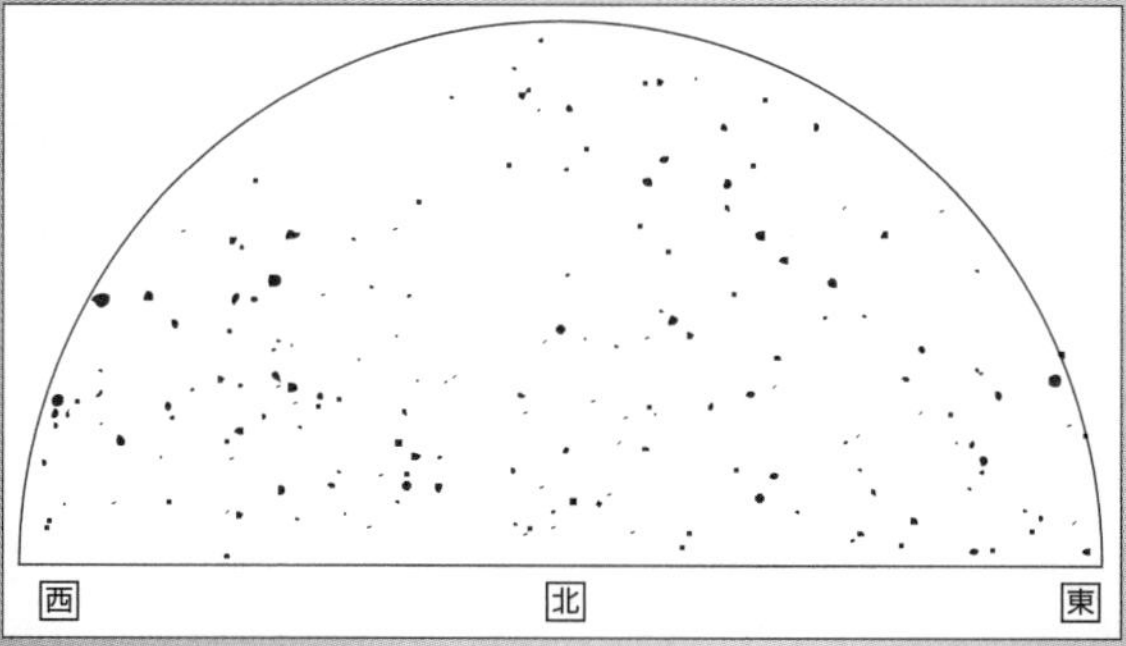

図1-6　おおぐま座

図1-7　カシオペヤ座

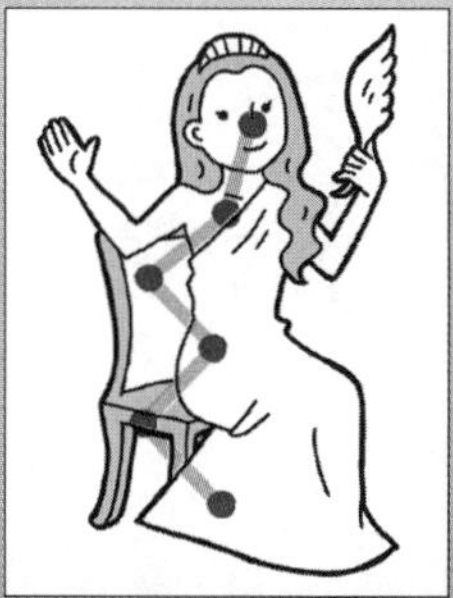

答えは　P.260。

1-3 星の特徴をとらえる

星によって違う明るさ

一つ一つの星の特徴は二つの量で表せます。何と何でしょうか?

まず、星はそれぞれ明るさが違います。とっさの表現として、明るい星を「わあ、大きな星だ」ということもあるかもしれませんね。感情に従った自然の表現で、このままでもよいのですが、「大きい」という言葉は、キロメートルで測ることのできる星の直径と混乱しそうです。星空案内人の心得としては「明るい星」「暗い星」という言葉を使うようにしましょう。

ギリシアの天文学者であるヒッパルコス(Hipparchus)(紀元前一九〇年頃)という人は、特に明るい星を1等星、肉眼で見える最も暗い星を6等星として、明るさに六段階をつけました。柔道・剣道・習字などの級は数字が少ないほど上手なのですが、星の明るさも似ていて、5等星、4等星、3等星、2等星、1等星と数字が少なくなるに従って明るくなります。等級は、英語ではマグニチュード(magnitude)です。地震の大きさを測るときに使うマグニチュードと同じ言葉です。

宵の明星として知られる金星は1等星よりもずっと明るいし、また、肉眼では見えないけれど、望遠鏡を使えば6等星より暗い星がたくさんあることもわかります。そこで、等級は1から6でなく、もっと広げて使うことになりました（図1－8）。

さらに、科学が発達して光の量をちゃんと測定できるようになると、小数で表す等級も必要になりました。等級を図1－8のような「ものさし」上の位置で表すことになります。図を見ると、1等星より明るい星は0等星、さらに明るい星はマイナス1等星と呼ぶことがわかります。太陽は非常に明るくて、マイナス27等星です。また、小数がついた1・5等星もあり、これは1等星より暗く2等星より明るい星です。

測定によって、1等星と6等星では、実際の光量がおよそ100倍違っていることがわかりました。それで、現在では、5等級違うと光量は100倍違うと定義されています。これから逆算すると、1等級違うと約2・5倍の光量の違いがあることになります。6等星の約2・5倍の明るさが5等星で、そのさらに約2・5倍の明るさが4等星です。さらに、2・5倍明るいのが

図1-8　等級のものさし

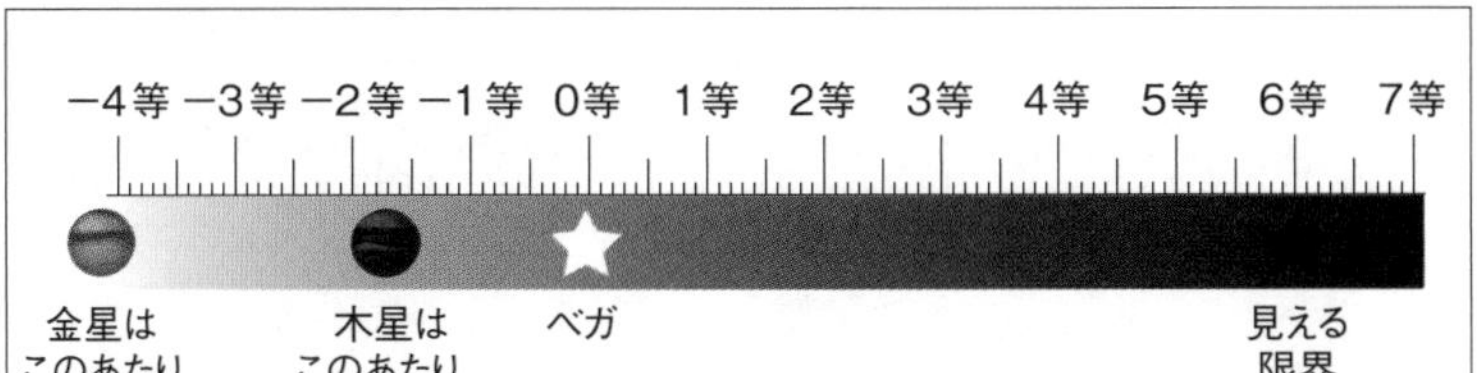

3等星――、と続けていきますと、結局、6等星の2・5×2・5×2・5×2・5×2・5倍明るい星は1等星で、2・5の5乗は100になりますね。(*)

星の色もいろいろ

星の第二の特徴は色です。慣れないと難しいかもしれませんが、青白い星と赤っぽい星の区別はつくと思います。やや赤っぽい星は、オレンジ色という表現がぴったりでしょう。太陽のように自ら光を出している星（恒星）の色の違いは星の表面の温度の違いによるものです。

私たちの体も含めて、あらゆる物体は、分子や原子と呼ばれる小さなつぶつぶから構成されています。これらの分子や原子たちは互いにぶつかりあって右往左往するように動き回っています。これを熱運動といいます。温度が高いほどこの動きが活発です。星を作っているガス（気体）の原子たちも熱運動しています。

光は電磁波

話は飛びますが、「真空」とは「何もない空間」、つまり、原子や分子のない空虚な空間と考えられます。ですから、原子や分子が飛び交っている空間、原子や分子のす

(*) 約2．5と書いたのは、実際は $100^{1/5}$ = 2.5119...です。

き間が真空といえます。

　しかし、実際は真空といえども、電気（電場）や磁気（磁場）があって、それが揺れ動いています。その電気と磁気の揺れ動きが波となって伝わるのが、電磁波です。電磁波は振動数によって呼び名が変わります。ちょうど、同じ種の魚なのに、大きさが違うだけで呼び名が変わる出世魚と似ています。電磁波のなかでも、通信に使っている電波よりもずっと振動数の高い電磁波は、網膜に感じて目で見ることができます。このような電磁波を「光（可視光）」と呼んでいます。光は電磁波だったのです。可視光よりもさらに振動数が高い電磁波は、紫外線やX《エックス》線と呼ばれます。可視光よりも振動数の低い電磁波は赤外線や電波です（図1-9）。

　同じ光（可視光）のなかでも、振動数が比較的低いものもあり、また、高いものもあります。振動数

図1-9　電磁波の種類

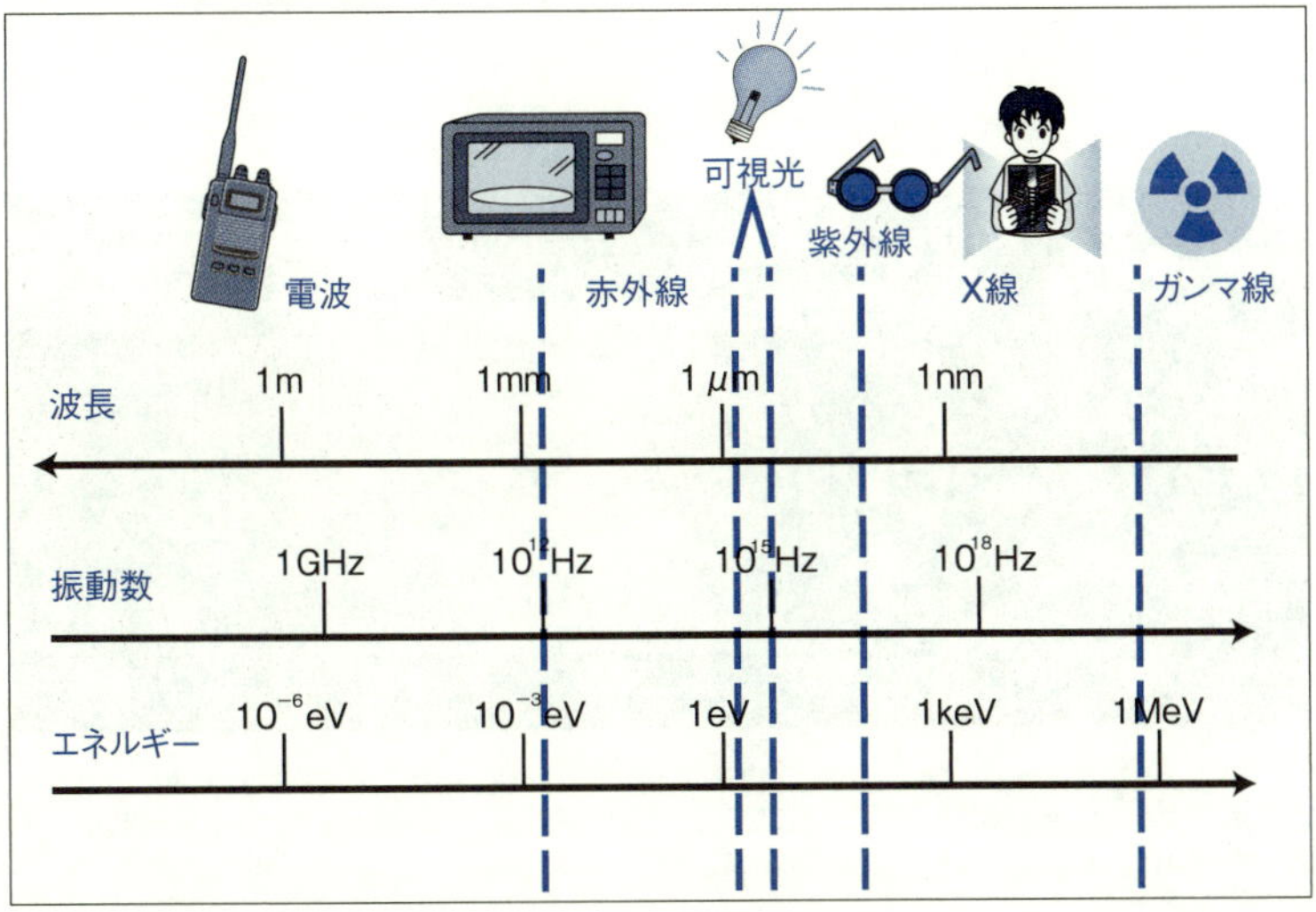

の順に光を並べると虹色が現れます。振動数の低いほうから、赤、オレンジ、黄色、黄緑、緑、青、紫と並びます。

もう想像がついたのではないかと思います。温度が高い星では星を構成する原子は熱運動で激しく速く揺れ動き、振動数の高い波を起こし、青い光をよりたくさん発します。温度が低い星では、星を構成する原子の動きはより遅く、赤い光を多く発します。このようにして、高温の星は青白く、低温の星は赤く見えるのです。

プリズムなどを用いて光を振動数順に分けたものをスペクトルといいます。また、このように光を分けることを分光といいます。星の光を分光して星は調査されます。これによって星表面の正確な温度を知ることができます。

図1-10　分光（スペクトル）

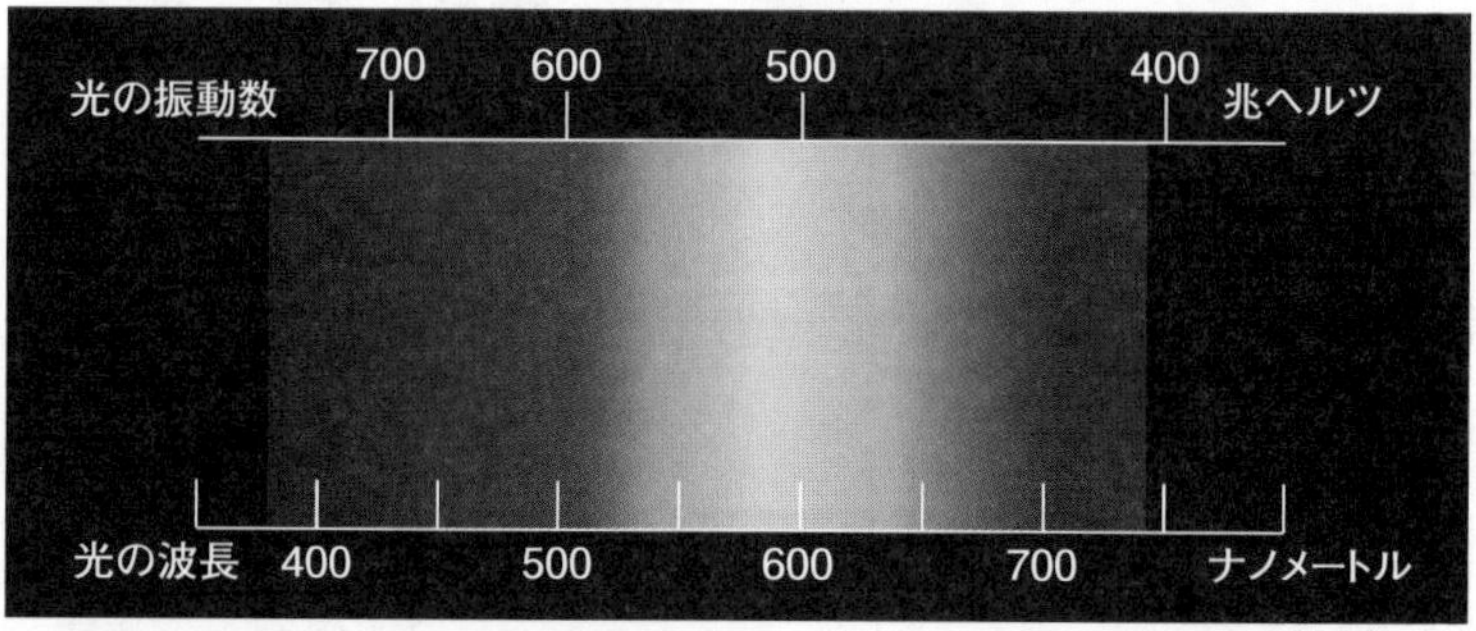

プリズムなどを用いると、光を虹色に分けることができます。これは光を振動数の順に分解しているのです。振動数が高いと光の波長は短く、振動数が低いと光の波長は長いので、波長によって光を分けたともいえます（口絵 P. viii参照）。

1-4 星の動きと地球の自転

完全に晴れた空、満天の星。何も障害物がない。この状態で星空のすべてが見えているでしょうか?

図1-11は宇宙空間に浮かぶ地球をイメージした図です。地球を取り囲むすべての方向に宇宙が広がっていますが、地上からは地面が邪魔して半分の宇宙しか見えていません。あとの半分は地球のちょうど反対側にいけば見えます。

星は丸天井に貼り付いているように見えています。お椀を伏せたような丸天井です。そして地球の反対側から見える半分がもう一つのお椀。だから、全体としてはお椀を二つ合わせたような大きな球に星が貼り付いていて、それをお椀の中心か

図1-11　宇宙空間に浮かぶ地球

周りの景色は晴れた地球上で見る星空とほとんど同じですが、地上では半分しか見ることができません。
国立天文台４次元デジタル宇宙プロジェクト提供

ら見ているような具合です。この球を「天《てん》球《きゅう》」と呼んでいます。

図1－11で、地球は静止しているわけでなく、自転しています。そのため地球に乗っている私たちは星が動くように見えます。

図1－12のように、星は、東から昇って西に沈んでいくように見えます。この東から西に向かった星の回転運動を「日周運動」といいます。星の回転運動の軸は、ちょうど地球の自転軸が指している方向で、北側では天の北極、南側では天の南極と呼ばれます。天の北極の近くには北極星があり、回転の中心の目印になります（図5－2参照）。

ある星が真南の方向にあって、それが日周運動して、また同じ位置に戻って来るまでの時間が地球の自転周期ということになりま

図1-12　星の日周運動

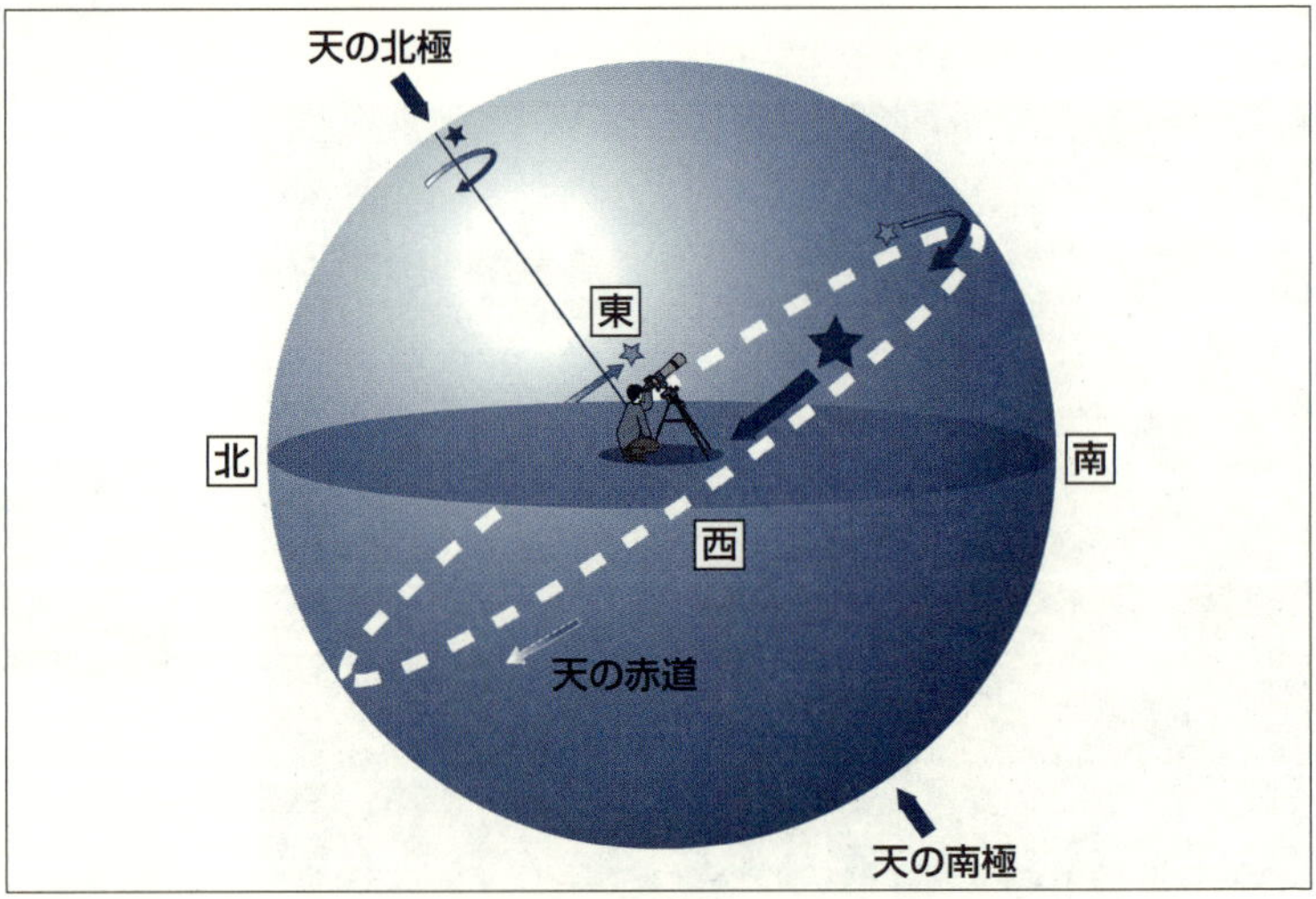

不動の星のパターンが東から出て、西に沈むように見えるのを「日周運動」といいます。太陽もこの運動に乗っているように見えますね。天球上には、この回転軸に垂直な方向に大きな円が描けます。これが天の赤道です。

す。この周期（地球の自転周期）を「1恒星日」と呼んでいます。およそ24時間ですね。私たちが乗っている地球が自転していて、その結果として周りの景色が回って見えるのが日周運動でした。なので、もちろん太陽も日周運動します。星も太陽も東から昇り西に沈むのです。

地平線の上に太陽が見えているときが昼間です。このことを地球から離れた宇宙船から見ると、太陽に照らされている部分に立っているときが昼間、太陽の光が当たらない部分に立っていれば、それは夜ということに気がつきます。地上に立っている人は地球の自転のために昼と夜を交互に経験することになります。

1-5 星座のなかの太陽の動きと地球の公転

季節によって見える星座が変わるわけ

星空案内をしていると、「季節によって見える星座が変わるのはなぜですか？」と質問を受けることがあります。あなたは答えられますか？　太陽の周りを地球が回る運動（公転運動）が根本的な原因です。

地球の夜側、つまり、太陽の光の当たらない側で星が見えるのだ、ということを思い出してください。地球は太陽の周りを公転していますから、一年を通して陽の当たらない側から見える星座が一巡することがわかります。たとえば、図1-13の右側の地球では、真夜中にさそり座が見えます。これは夏ですね。さそり座と反対方向にあるふたご座は太陽と重なって見えていますので、日食でもないかぎり見ることができません。半年後、地球は太陽の周りを半分回って、反対の位置に来ます。これは冬ですね。このとき真夜中に見える星座はふたご座です。図1-13を見ながら想像してみてください。

同じことを天球上の太陽の位置という観点で考えてみましょう。夏には太陽はふたご座と重なって見え、冬にはさそり座と重なって見えるという点に注目するのです。つまり、太陽は星座のなかを移動し、一年かけて星座を一巡するのです。天球上の太陽の通る道筋を「黄道」と呼びます。いわゆる黄道十二星座は太陽の通り道にある星座です。太陽が何月頃どの星座にいるかを図1－14にまとめました。星占いで使う星座(*)は自分が誕生したときに太陽のいる星座で決めます。

太陽の日周運動

太陽も日周運動すると書きましたが、ここでもう少し正確に考えてみましょう。

ある日、あるとき、太陽と一つの恒星が同時に真南にいたとします。翌日、再びその恒星が真南に来たとき、太陽は真南に来ていません。太陽は星座のなかをゆっくりと東の方向に移動しているので、その恒星の東側に位置を変えているのです。だから太陽

図1-13　地球の公転と昼夜

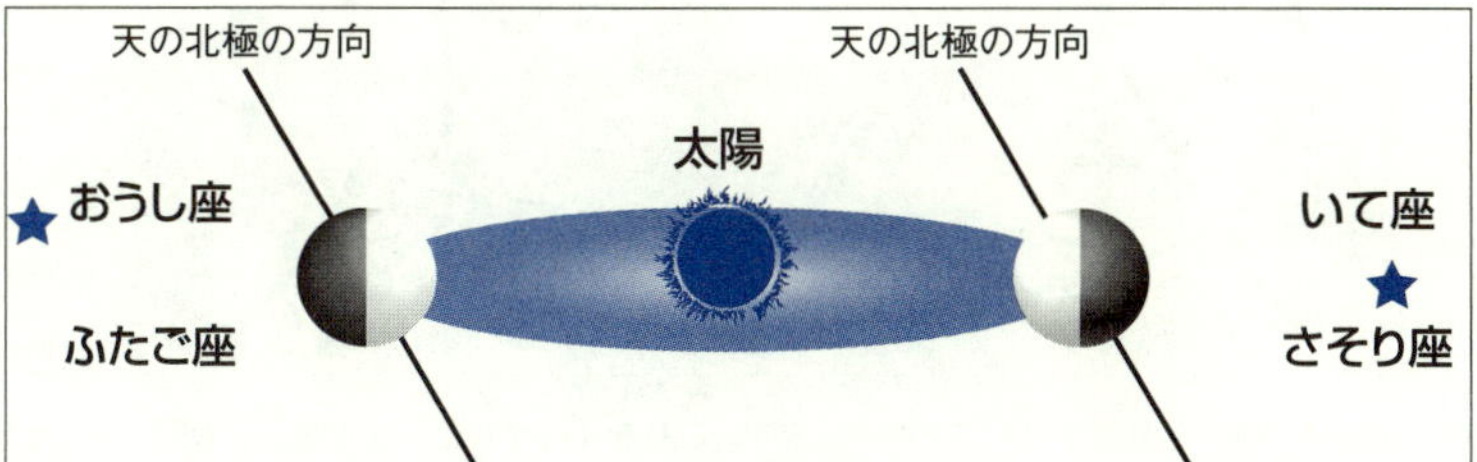

太陽の光が当たらない側が夜です。夜から見える星座は地球が公転するに従って変わっていきます。メリーゴーランドに乗って景色を見ているのと似ていますね。

(*) 星占いで使う星座については、第２章で解説します。

図1-14　黄道と黄道に沿った12の星座

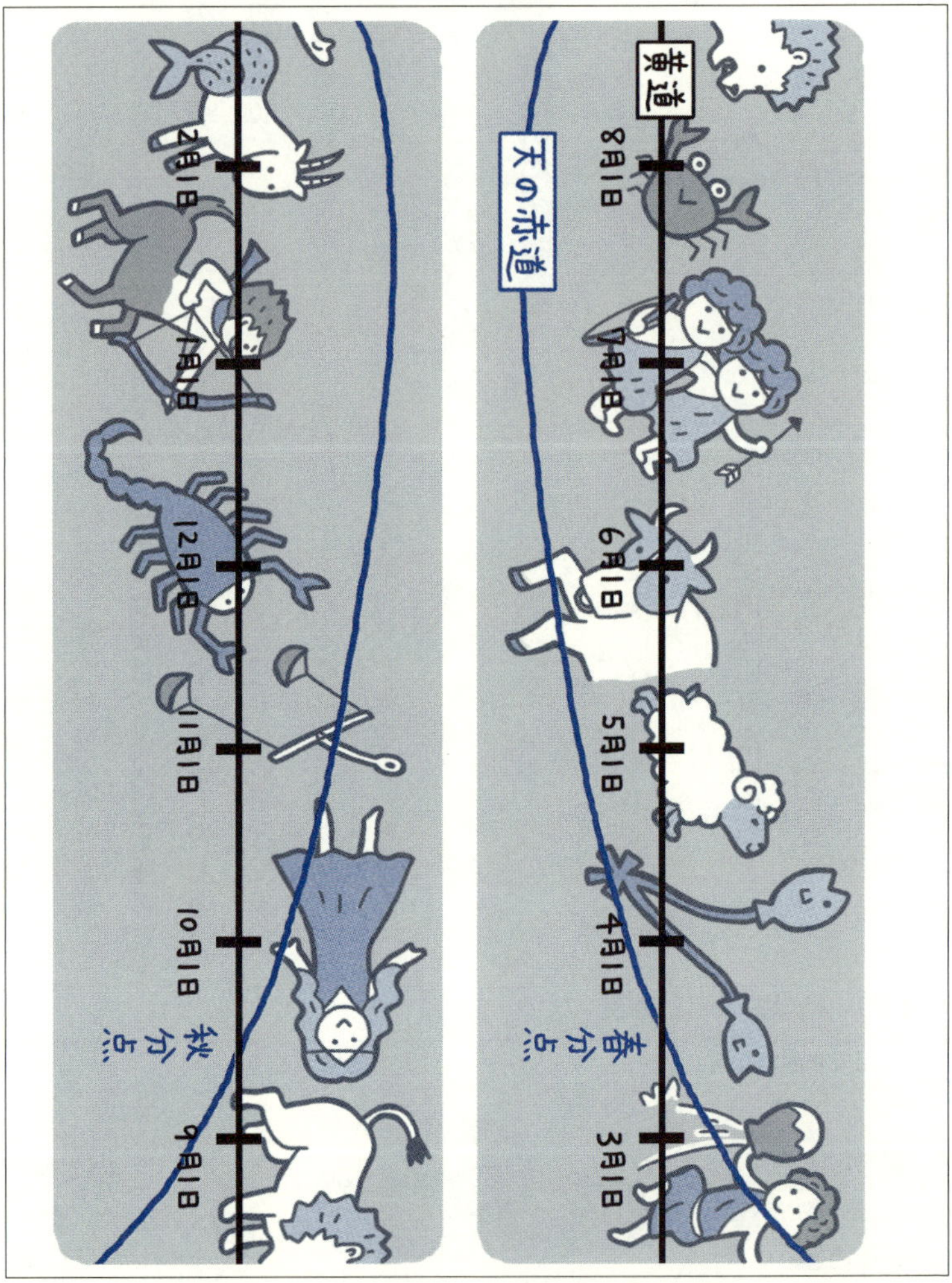

星座の中に太陽の通り道を描くことができます。これを「黄道」と呼びます。この図では、太陽の通り道にある星座たちを、太陽の位置とともに描いています。

が真南に来るのは、もう少し時間が経ってからです（図1－15）。このとき、星は真南を過ぎて西側に移動しています。太陽がもとの位置に戻るまでの時間は、恒星がもとの位置にくる時間よりも約4分長くなります。そしてこの太陽がもとの位置に戻る時間を「1日＝24時間」とするのが太陽日です。一方、恒星が一回りする時間（地球の自転周期）は恒星日でした。日常生活は太陽の光に従っていますので、私たちが使っている時計の24時間は太陽日です。

図1-15　星と太陽の動き

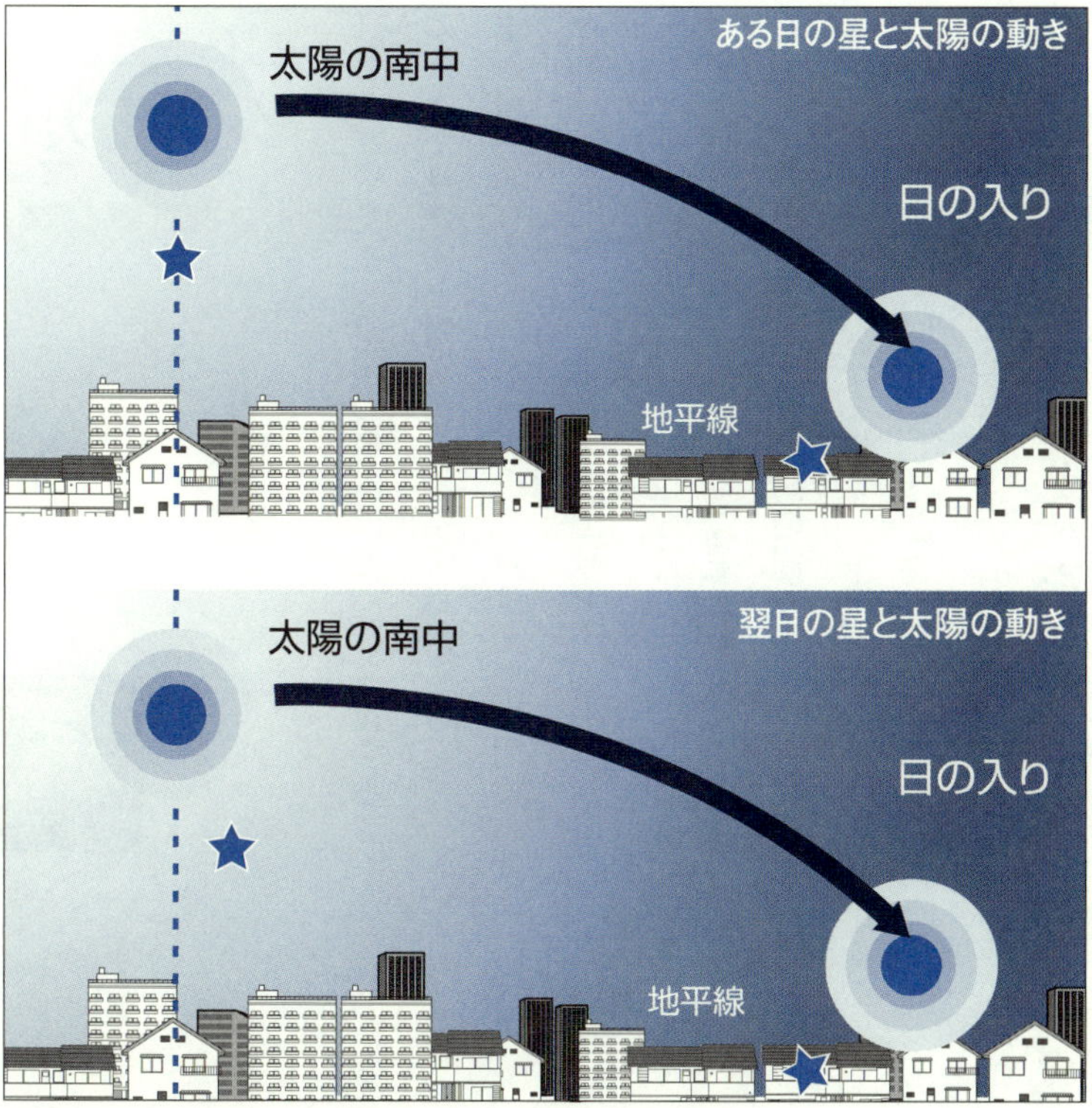

1日経ったとき太陽と星の位置が変わっていることに注意してください。

1-6 太陽系について知る

惑星は星座のなかを移動

星座を構成する星は互いの位置はほとんど変えず、星座の形はほとんど変化することはありません。古代メソポタミアの人々が見たのと同じ形の星座を私たちも見ています。ところが、星座のなかを移動する星があります。しかもそれらはとても明るい星で目立つ存在です。金星、火星、木星、土星です。水星も注意深ければ見つけられます。望遠鏡が発達してから、天王星、海王星が見つかりました。

これらは「惑星」と呼ばれます。惑星は地球と同様、太陽の周りを公転しています。現在では、以上八個の惑星以外にもたくさんの小さな天体が太陽の周りを回っていることが知られています。これらの天体はすべて星座のなかを移動します。

予備知識なしで星空を見たら、「こんなところにこんな星があったっけ?」「こんな形の星座、あったっけ?」とか混乱してしまいます。惑星の見える場所については、表1-2を参照してください。また、惑星の基本的な情報を表1-3にまとめました。

表1-2　惑星の見える時期と場所

金星:「明星」として見えるだいたいの月を示します。

年	宵の明星	明けの明星
2007	3月〜7月	9月〜
2008	10月〜	〜2月
2009	〜3月	4月〜11月
2010	3月〜8月	11月〜
2011	12月〜	〜4月
2012	〜5月	6月〜12月
2013	6月〜12月	

火星、木星、土星のだいたいの位置(黄道12星座で示しています)

年	火星				木星		土星
	3月	6月	9月	12月	6月	12月	
2007	やぎ	うお	おうし	ふたご	さそり	いて	しし
2008	ふたご	かに	おとめ	さそり	いて	いて	しし
2009	みずがめ	おひつじ	ふたご	しし	みずがめ	みずがめ	しし
2010	かに	しし	おとめ	いて	うお	うお	おとめ
2011	みずがめ	おひつじ	ふたご	しし	うお	おひつじ	おとめ
2012	しし	しし	おとめ	いて	おうし	おうし	おとめ
2013	うお	おうし	かに	おとめ	おうし	ふたご	おとめ
2014	おとめ	おとめ	てんびん	いて	ふたご	しし	てんびん

表1-3　惑星の基本情報

惑星名 (単位)	軌道長半径 (AU)	公転周期 (年)	会合周期 (日)	視半径 (")	半径 (km)	質量 (地球を1として)	密度 (g/cm3)	自転周期 (日)	反射能	極大光度 (等級)
水星	0.3871	0.241	115.9	5.5"	2,440	0.0553	5.4	58.65	0.06	-2.4
金星	0.7233	0.615	583.9	30.2"	6,052	0.8150	5.2	243.02	0.78	-4.7
地球	1.0000	1.000	–	–	6,378	1.0000	5.5	0.997	0.30	–
火星	1.5237	1.881	779.9	8.9"	3,396	0.1074	3.9	1.03	0.16	-3.0
木星	5.2026	11.862	398.9	23.5"	71,492	317.83	1.3	0.41	0.73	-2.8
土星	9.5549	29.458	378.1	9.7"	60,268	95.16	0.7	0.44	0.77	-0.5
天王星	19.2184	84.022	369.7	1.9"	25,559	14.54	1.3	0.72	0.82	5.3
海王星	30.1104	164.774	367.5	1.2"	24,762	17.15	1.6	0.67	0.65	7.8

参考資料

冥王星	39.5406	247.796	366.7	0.04"	1,195	0.0023	1.9	6.39	0.54	13.6
太陽	–	–	–	15'60"	696,000	332,946	1.4	25.38	–	-26.8
月	–	–	–	15'33"	1,738	0.0123	3.3	27.32	0.07	-12.6

・1AU = 1.496×10^{11}m = 約1億5千万km　・1 年(太陽年) = 365.2422日　・視半径は平均的な最接近のときの見かけの大きさ(″は秒。1秒=1/60分)
・地球の質量 = 5.974×10^{24}kg　・太陽の質量 = 1.989×10^{30}kg

(理科年表 [平成 19 年版] より抜粋)

地動説と慣性の法則

人類はこれらの天体の動きに納得するまで、実にたくさんの観察や考察をして、苦労してきました。最初は、神さまのおぼしめしと思ったりして、その動きを占いに使ったりしていました。しかし、ついに一五四三年、コペルニクスは地動説にたどり着き、その結果を『天体の回転について』という本に著しました。さらに、ティコ・ブラーエ（一五四六―一六〇一）が惑星の精密な観測をしました。望遠鏡なしでです！

その観測データを引き継いだケプラー（一五七一―一六三〇）は、惑星の運動に関する三つの法則を見つけています。太陽の周りの惑星は、コペルニクスでは円運動しているとしていましたが、ケプラーはそれが楕円運動であることを見抜きました。

望遠鏡が発明されると、ガリレオは木星の周りに四つの衛星を発見し、衛星が木星の周りを公転することを見つけます。まさに、太陽系の縮小版ですね。太陽という大きな星の周りに小さな惑星が回るというのは自然なことだとわかりました。

「もし、地球が回っていたら、人間が振り落とされるでしょう。地上に人間が普通に生活するためには地球は静止していないとまずいでしょう。」という素朴な疑問がありました。それについては、ガリレオが慣性の法則を発見しました。つまり「一定の速度を持つ物体は特に何も外から作用を加えないかぎり、一定の速度で運動し続ける」というのです。これなら、地球が動いていても、人間は振り落とされる心配がありません。

太陽を中心に回転運動

このようにして、太陽系の姿が明らかになってきました。太陽系は太陽を中心に回転運動するたくさんの天体の集まりです。大きいものは八つの惑星（太陽に近いものから、水星、金星、地球、火星、木星、土星、天王星、海王星）ですが、それ以外にも、火星と木星の中間あたりの軌道をたくさんの小惑星が回っています、また、海王星の軌道あたりから外に向かって小さな天体（たとえば、冥王星など）がたくさん回っています。

太陽の周りを回る小さな氷のかたまりは、ときには、太陽に向かって落ちて来るような軌道に入り、それらは彗星（ほうき星）として私たちの目を楽しませてくれます。さらに砂粒のような小さなダストなども太陽系を構成する成分に入れてもよいでしょう。ダストが地球に突っ込んで来る（落ちて来る）と大気との摩擦で一時的に光ります。これが、私たちを楽しませてくれる流れ星です。

1-7 太陽系から宇宙の果てへ

宇宙の距離を測る

宇宙の距離を測る尺度として、古くから太陽と地球の平均距離（軌道長半径）が使われて来ました。この長さを1天文単位と呼びます。約1億5千万キロメートルです。単位記号はAUを使います。太陽と土星までの距離は約10AUです。

天文単位は、太陽系のなかを測るのには都合がよいのですが、恒星と恒星の間の距離を測ろうと思うと不便です。そこで恒星間の距離には、光年やパーセクが使われます。

光の進む速さはとても速くて、毎秒約30万キロメートルです（1秒間に地球を7回半回るなどともいわれます）。この速さを使って、光が一年かかって進む距離を1光年と定めました。単位記号はly（エルワイ）です。一年は約3千万秒なので、「30万km/s × 3000万s = 9兆km（9.46×10^{15}m）」が1光年です。1光年は約6万3千AUにもなります。パーセク（pc）も距離の単位としてよく使われます。1パーセクは3・26光年です。

これらの明るい恒星の多くは数光年から数百光年先にあることがわかります（表1-4）。光で数年から数百年もかかる距離なのですから、とても遠い距離ですね。肉眼で見えない星たちのほとんどはさらに遠くにあります。

宮沢賢治の「銀河鉄道の夜」はこんな授業風景ではじまります。

一、午后の授業

「ではみなさんは、そういうふうに川だといわれたり、乳の流れたあとだといわれたりしていたこのぼんやりと白いものが本当は何かご承知ですか。」先生は、黒板に吊した大きな黒い星座の図の、上から下へ白くけぶった銀河帯のようなところを指しながら、みんなに問をかけました。

カムパネルラが手をあげました。それから四、五人手をあげました。ジョバンニも手をあげようとして、急いでそのまゝやめました。……

さて、あなたはカムパネルラのように手をあげることができますか？

表1-4　明るい恒星

星名	固有名	星座名	明るさ(等級)	スペクトル型	スペ光度階級	距離(光年)	固有運動秒/年
αEri	アケルナル	エリダヌス	0.5	B3	V	140	0.06
αTau	アルデバラン	おうし	0.8	K5	Ⅲ	65	0.20
βOri	リゲル	オリオン	0.1	B8	Ⅰ	700	0.00
αAur	カペラ	ぎょしゃ	0.1d	G5+G0	Ⅲ+Ⅲ	42	0.43
αOri	ベテルギウス	オリオン	0.4v	M1-2	Ⅰ	500	0.03
αCar	カノープス	りゅうこつ	-0.7	F0	Ⅱ	310	0.03
αCMa	シリウス	おおいぬ	-1.5	A1	V	8.6	1.33
εCMa	アダラ	おおいぬ	1.5	B2	Ⅱ	430	0.00
αGem	カストル	ふたご	1.6d	A1+A2	V+V	52	0.23
αCMi	プロキオン	こいぬ	0.4	F5	Ⅳ-V	11	1.26
βGem	ポルックス	ふたご	1.1	K0	Ⅲ	34	0.55
αLeo	レグルス	しし	1.3	B7	V	77	0.24
αCru	アクルクス	みなみじゅうじ	0.8d	B0.5+B1	Ⅳ+V	320	0.02
βCru	ベクルクス	みなみじゅうじ	1.3	B0.5	Ⅲ	350	0.03
αVir	スピカ	おとめ	1.0d	B1+B2	Ⅲ-Ⅳ+V	260	0.05
βCen	ベータケンタウリ	ケンタウルス	0.6	B1	Ⅲ	530	0.03
αBoo	アークトゥルス	うしかい	0	K1	Ⅲ	37	2.25
αCen	アルファケンタウリ	ケンタウルス	-0.3d	G2+K1	V+V	4.4	1.85
αSco	アンタレス	さそり	1.0dv	M1.5+B4	Ⅰ+V	500	0.02
αLyr	ベガ	こと	0	A0	V	25	0.33
αAql	アルタイル	わし	0.8	A7	V	17	0.65
αCyg	デネブ	はくちょう	1.3	A2	Ⅰ	1800	0.00
αPsA	フォーマルハウト	みなみのうお	1.2	A3	V	25	0.33

・等級の後ろに付いている記号：dは重星(ダブルスター)、vは変光星の意味です。
・星の色の特徴はスペクトル型で分類されます(下表)。
・星の真の明るさ(光度)は光度階級(最も明るいIから最も暗いVIまで)で順位づけられています(下の表を参照)。

	光度階級
Ⅰ	超巨星
Ⅱ	明るい巨星
Ⅲ	巨星
Ⅳ	準巨星
V	主系列星、矮星
Ⅵ	準矮星

色	スペクトル型	温度(K)
青白い	O	50000
	B	25000
	A	10000
	F	7600
黄色っぽい	G	6000
オレンジ	K	5100
赤い	M、C、S	3600

(理科年表[平成19年版]に準拠)

宇宙の階層構造

これから宇宙について勉強するのに、宇宙全体の構造をおおざっぱに理解しておくのはとても有益です。そこで、宇宙全体のようすをざっと説明してみたいと思います。一部については、理屈は後回しにして丸暗記しておくと、かえってあとで、話がうまくつながって、理解が進むと思います。

宇宙のなりたちは、私たち人間世界のものとちょっと似ているところがあります。私たちは家族（世帯）を単位に暮らしていて、たくさんの世帯が集まって、市や町や村を作ります。市町村が集まって都道府県を作り、都道府県が集まって国を作り、国が地球上にいっぱいあります。このような段階的な構造のことを「階層構

図1-16　宇宙の階層構造

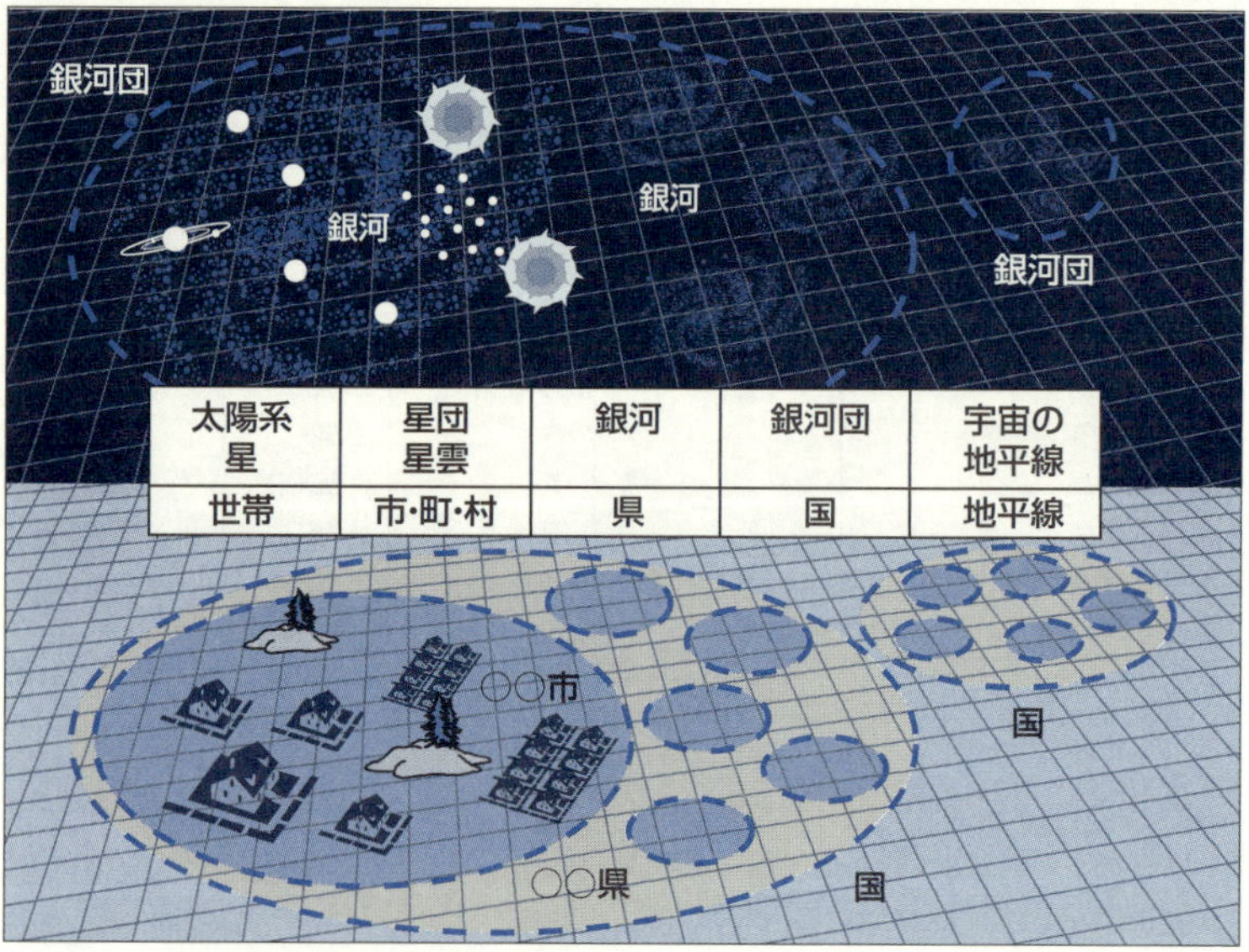

太陽系 星	星団 星雲	銀河	銀河団	宇宙の 地平線
世帯	市・町・村	県	国	地平線

造」と呼びます。宇宙も階層構造をなしています。

星団と星雲

地球は太陽系という家族の一員です。太陽系はちょうど一つの世帯のようなものです。太陽と同じような星（恒星）がたくさん集まって、集団を作っています。特に、星が密集したところは星団と呼ばれます。団地やニュータウンに対応します。

散開星団と呼ばれる星団があります（図1-17）。これはまさにニュータウンで、最近誕生した星たちの集まりです（比喩的には世帯の集まりです）。太陽はじつは団地でなくて、散村の一軒屋です。つまり、星団のなかの星ではありません。

宇宙にはたくさんの星がありますが、星雲と

図1-17　散開星団 M16（へび座）

誕生したばかりの星の集まりです。この散開星団には、ぼうっと光る星雲（わし星雲）が重なって見えています。この星雲はまさに造成中のニュータウンでこれから星になる濃密なガスと新しい星が渾然一体に見えます。

やまがた天文台提供

いうものもあります。星が光る点に見えるのと対照的に、星雲はぼうっと広がった光るものです。最も有名なものは、「オリオン座の大星雲」でしょう（図1－18）。

人工の光が少ない場所にいけば芒洋とした光が肉眼でもみえますが、残念なことに星雲はどれも非常に淡い光なので、その姿を肉眼で見たことのある人は余り多くないと思います。望遠鏡を使っても、なかなか見ることは難しいでしょう。写真は感度がよいので、写真を撮ることでやっととらえることができます。しかし、星雲の写真はとても「芸術的」です。星雲の写真の美しさにひかれて星のソムリエになりたい方もいるのではないでしょうか。

宇宙空間にただよう気体（ガス）は密度が薄く、ほとんど真空のようなものです

図 1-18　オリオン座の大星雲　M42

© NASA,ESA, M. Robberto (Space Telescope Science Institute/ESA) and the Hubble Space Telescope Orion Treasury Project Team

が、ところどころ密度が高くなって雲のようにかたまりを作っている部分があります。これが周りの星からの光に照らされたり、自ら発光現象を示したりして星雲として見えます。このような気体が万有引力で互いに引き合って集まると新しい星になります(*)。なので、このような気体は星の材料物質といえます。

銀河

市町村が県という単位を作るように、たくさんの星団、散らばった星々、星雲、などがごっちゃになって大きな集団を作っています。この集団を銀河といいます。私たちの太陽系も一つの銀河のなかにあります。私たちの銀河はおよそ二千億の星やガスの集団で、それは渦を巻いています。さしわたし十万光年にもおよびます。

宇宙には銀河はいっぱいあって、銀河の群れ、あるいは、銀河団と呼ばれる集団を作ります。県がいっぱい集まって一つの国を作るのに似てますね。空を見上げると、私たちの銀河の近くにある別の銀河が見つかります。このお隣りの銀河として、アンドロメダ座にある銀河がとても有名です(図1-19)。私たちの銀河もアンドロメダ銀河と同様に美しい銀河と思われます。しかし、太陽系は銀河の渦のなかにあるので、私たちの銀河の全体像はアンドロメダ銀河のように見ることはできません。代わりに、

(*) このへんの詳しいことは第3章で詳しく勉強します。

二千億の星の集団である「天の川」として見えています。

宇宙の地平線

宇宙にはたくさんの銀河があります。銀河の運動を調べていた天文学者は不思議なことを発見しました。大多数の銀河は私たちから遠ざかっているのです。どの方向を見てもたいていの銀河は遠ざかっています。これは不思議なことです。この運動を研究していたエドウィン・ハッブル（一八八九―一九五三）は、銀河の遠ざかるスピードが銀河までの距離に比例して増えることを見つけました。現在は、これは「ハッブルの法則」と呼ばれています。この発見がヒントになり、宇宙は膨張していることがわかりました。

宇宙が現在膨張しているということは、過去には宇宙は今より縮んでいたことにな

図1-19　アンドロメダ銀河　M31

伊中明撮影

ります。現在の膨張の割合から逆算すると、およそ一三七億年前には、宇宙はほとんど一点に集まっていたことになります。宇宙は昔は縮んでいて高温高密度の火の玉で、その火の玉から膨張し、現在の状態になりました。実際、遠くを見るとその火の玉の光を見ることができます。

宇宙開闢《かいびゃく》から一三七億年経っていることがわかりました。光の速度は有限ですから、一三七億光年より向こうから来る光は、まだ私たちのところへは到達しておらず、一三七億光年より遠い世界は見たくても見ることができません。ただ宇宙のはじまりの火の玉が見えるばかりです。これは本当に限界なのです。この限界を宇宙の地平線と呼びます。

宇宙のしくみが人間世界とちょっと似ているといいました。地球上でもたくさんの国々がありますが、地平線の向こうの国、地球の裏側の国は決して見ることができません。宇宙の地平線というのは、そういった比喩から来ているのです。

だいたいの宇宙のようすがわかりましたか？　図1－16をもう一回ながめてください。

コラム

星座の大きさ

「今日の月はやけに大きく見える」とか、「おおぐま座は思ったより大きかった」というときの大きさを「見かけの大きさ」といいます。同じ考え方は、星と星の隔たりにも使えて、これは「星と星の見かけの距離」といわれます。光年やキロメートルで測る実際の距離と区別するため、この「見かけ」という言葉をつけます。

星と星の間の見かけの距離をちょっとまじめに計っているようすを図1－20に示しました。手にものさしを持って「何センチメートル？」と測っています。しかし、腕の長さは人によって違うので、ものさしの読みは人によって変わってしまい、これでは不便です。しかし、図1－20と図1－21と見比べてみると、ものさしの目盛を読み取ることは、分度器で図の角ＡＯＢを読み取るのと同じことだと気がつきます。つまり、見かけの大きさは「角」で測るのです。

図1-20　星座の見かけの大きさを測る

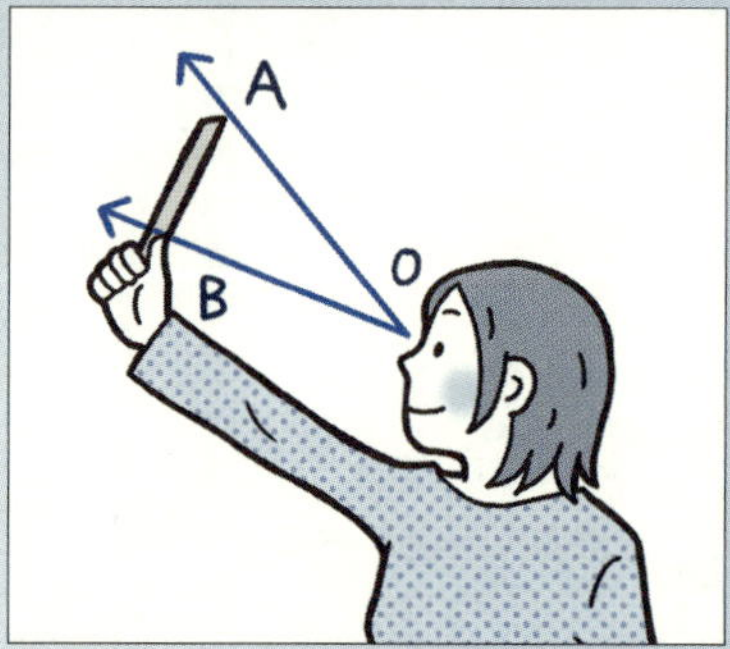

図1－21でＡの先のほうに星があり、Ｂの先のほうにも星があるとすると、二つの星の（見かけの）距離は角ＡＯＢです。

図1-21　分度器

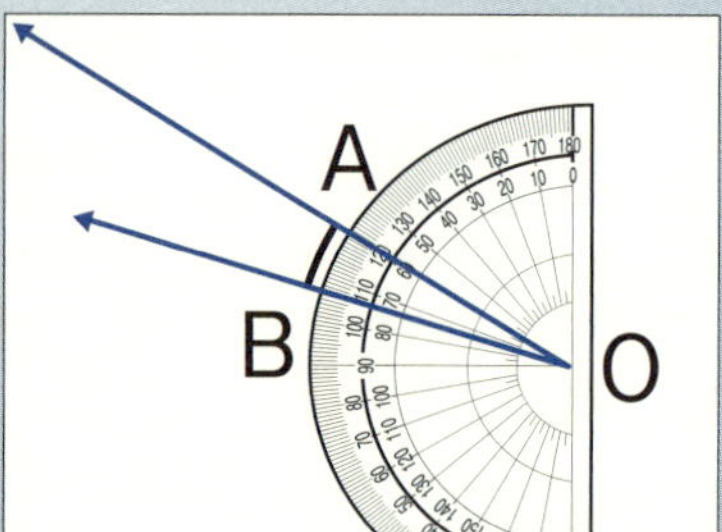

太陽の見かけの直径は0・5度だとか、オリオン座の三つ星の端から端までの距離は約3度ある、などと使います。角度の単位は度（°）です。太陽の見かけの直径はおよそ2分の1度です。1度の60分の1を「分」と呼びますから、太陽の見かけの直径は約30分あるいは約30分角といってもかまいません。また、1分の60分の1を「秒」といいます。

実際の観察では、「腕を伸ばしたときのげんこつの大きさはだいたい10度だ。」とか「五円玉を持った手を伸ばして五円玉の穴を見ると、その大きさは2分の1度（30分角）だ」といったやり方は、おおざっぱですが実用的です。図1－22を参照ください。これから、この「手のものさし」をたくさん使って星座を探したり、説明したりしてみましょう。

図1-22　さまざまな手のものさし

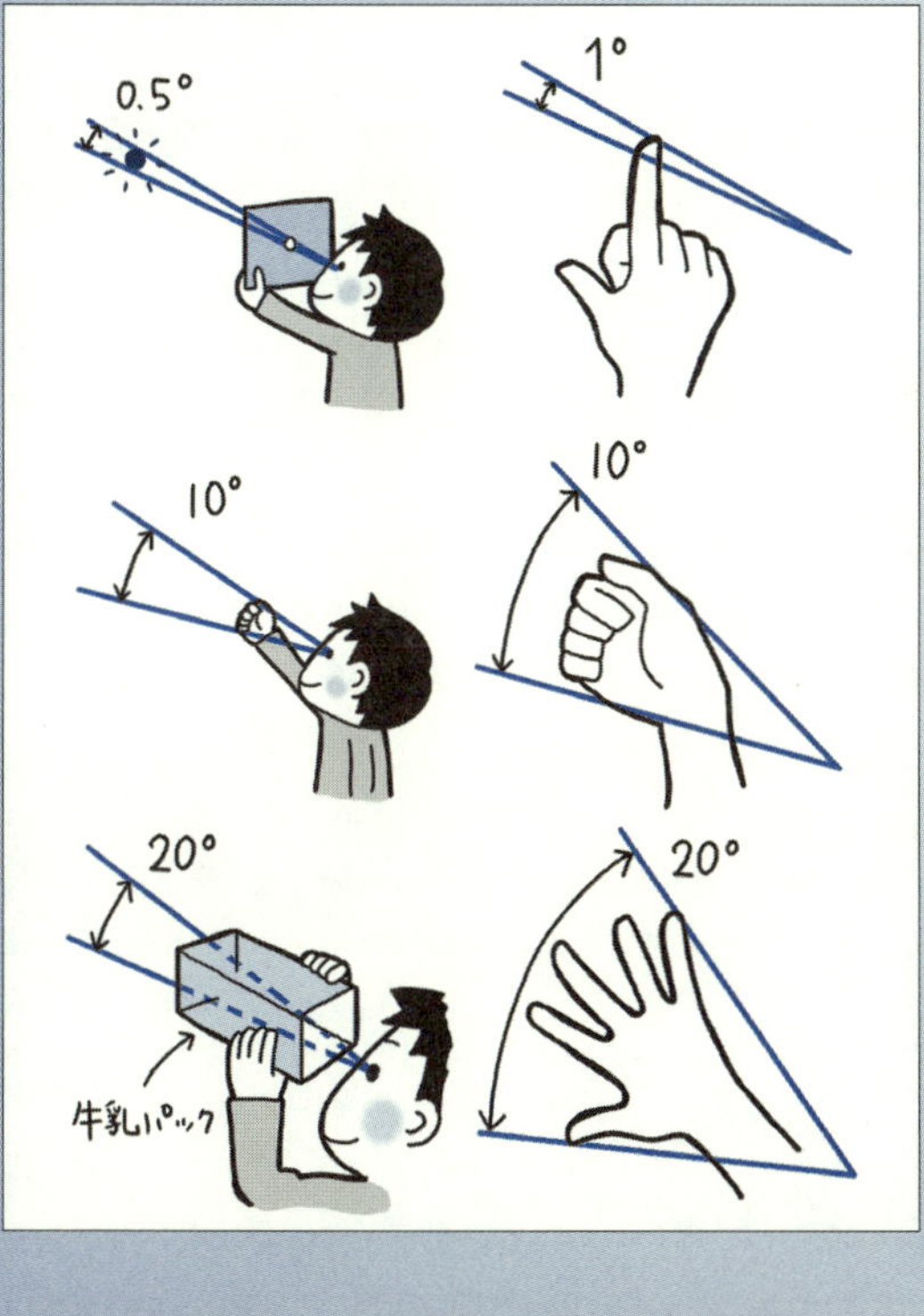

星空案内人認定試験模擬問題

以下の文章に重大な間違いを見つけたら（　）に ×を入れてください。

問1（　）みんなが勝手な星座を作ってしまうと混乱を招いて不便です。そこで、国際天文学連合では、それまで使われていた星座を整理し、122 の星座を定めました。これを現在では世界共通の星座名として使っています。

問2（　）星の明るさは等級を用いて表します。5 等級の違いは 100 倍の光量の違いに当たると定義されています。これから逆算すると、1 等級違うと約 2.5 倍の光量の違いがあることになります。

問3（　）太陽のように自ら光を出している星（恒星）には色の違いが見られます。この星の色の違いは星の表面温度の違いによるものです。赤く見える星は青白く見える星にくらべて高温です。

問4（　）地球は自転しています。そのため地上で星空をながめると、「星座がその形を保ったまま、東から昇って西に沈んでいく」ように見えます。北の方角を見ると、日周運動は、北極星のあたりを中心とした反時計回りの円運動のように見えます。

問5（　）地球は太陽の周りを公転していますから、太陽の当たらない夜側から見える星座が 1 年でひとめぐりすることになります。たとえば、真夜中にふたご座が見えたとします。これは冬です。半年後、真夜中に見えるのはいて座で、ふたご座は太陽と重なって見えます。

問6（　）私たちが夜空に見るたくさんの星、望遠鏡を使って見えるさらにたくさんの星、これらのたくさんの星々は巨大な一つの集団を作っています。その集団のなかには星を作る材料となる物質（ガスやチリなど）も含まれています。この集団は銀河と呼ばれます。有名なオリオン星雲は、私たちが住む銀河の近くにある別の銀河の一つの姿です。

問7（　）宇宙にはたくさんの銀河があり、たいていの銀河は私たちから遠ざかるように運動していることが発見されました。これは宇宙全体が膨張しているためであることがわかっています。時間を逆に戻すと、昔は宇宙全体が今より縮んでいて、高密度で高温の火の玉であったことが予想されます。実際、かつての火の玉の光を私たちは観測することができます。

第2章 星空の文化に親しむ

2-1 古代の宇宙観

語り継がれた民族の神話

世界中のほとんどの民族が、それぞれの神話を今に伝えています。それらは遠い原初の時代の出来事を語った聖なる物語で、この世界や人間がどのようにして生まれたのかを説明しています。

その出来事を実際に目撃した人間など誰もいないはずですが、それにもかかわらず、神話はある種の真実として人々に信じられ、幾世代にも渡って語り継がれてきました。それは、神話というものが、「世界はどのようにしてはじまったのか」「世界の果ての向こう側はどうなっているのか」「最初の人間は誰から生まれたのか」「人は死んだらどこへいくのか」といった、誰もが大いに悩まされる根源的な疑問に答えてくれるものだったからでしょう。

こういった万物の根源にかかわる問題は「卵が先か、ニワトリが先か」という問題に似て、考えれば考えるほど頭が混乱してしまいます。人間の合理的な思考能力の限界を超えているのです。しかし、民族や部族の指導者としては、威厳を持ってその問いに答えなければなりません。知恵を絞って、いろいろな説明が試みられたことでしょう。

それらは、わかるはずのないことを無理にいいくるめようとするものですから、荒唐無稽な話だったり、つじつまの合わない話も多かったはずです。それでも、世代を越えて語り継がれていくうちに次第に淘汰され、やがてその民族にとって腑に落ちる話だけが生き残り、神に捧げる聖なる物語へと昇華していきます。このようにして、神話は必然的に生み出されるのです。

世界のはじまり

多くの神話は、冒頭で世界のはじまりについて説明しています。

バビロニアでは、原初の混沌とした霧のなかで淡水の神アプスーと塩水の女神ティアマトが交わり、多くの神々が誕生します。これは、チグリス・ユーフラテス川の河口付近のデルタ地帯を彷彿とさせる情景です。

北欧エッダ神話では、霧に包まれた巨大な裂け目の底で、原初のウシが氷を舐めて飢えをしのいでいると、氷のなかから最初の神ブーリが出現します。これもまた、氷雪に閉ざされた極寒の地をイメージさせるものです。

このように、創世神話の多くは、それぞれの民族の特質や世界観を色濃く反映しているのですが、その一方で、神話のなかには似かよったモチーフもあり、いくつかの典型的なパターンが随所に見られます。

たとえば、フィンランドの叙事詩カレワラのように、卵から世界が生まれたとする神話が世界各地に伝えられています。それらは、卵から鳥が生まれるようすを見て類推したものでしょう。

世界は男女の神から産まれたとする神話も多くあります。ギリシア神話やマオリ神話などでは、原初の混沌のなかで天の神と地の神が生まれ、その交わりから世界が産み出されます。先に挙げたバビロニア神話や、日本のイザナギ、イザナミによる国産み神話もまた、同様の話といえます。

中国では、原初の混沌が卵の形となって盤古《ばんこ》という巨人が生まれます。盤古の成長とともに天と地は分離していき、やがて盤古が死ぬと、左の眼は太陽、右の眼は月、手足と身体は山々、流れた血は河川、歯や骨は岩石と鉱物というように、盤古の死体から世界ができあがります。

何かを造るときには材料が必要ですが、中国の人々が天地創造の材料として考え出

図2-1　盤古

図2-2　エジプトの宇宙観

天の神ヌトが地の神ゲブに覆いかぶさり、空気の神シューに押し上げられています。ヌトの身体には、星を表す象形文字がちりばめられています。

したのは巨人の死体だったというわけです。

また、創造神が、対立する悪神の死体を材料にして天地を造るという話も数多く伝えられています。

バビロニア神話では、神々の戦いに勝ったマルドゥークが敵対したティアマトの死体を二つに切り裂き、その一方を天として張り巡らし、もう一方を下界の水にかぶせて国土とします。天地創造を終えたマルドゥークは、天に星を貼り付け、神々の姿に似せて星座を置きました。また、太陽神シャマシュと月神シンを天に配置して、月ごとの運行を定めました。天球の概念を含む、先進的な世界観であることがわかります。

このように、荒唐無稽ななかにもよく似たモチーフが随所に見られるということは、太古の昔から人間の考えることはみな同じで、根底には何かしら共感できる部分が含まれているともいえそうです。人類の心の深層には、共通の宇宙が横たわっているのでしょう。

2-2 太陽と月の神話学

永劫回帰する心理的時間

「時間」という概念に対する人間の認識には、相矛盾する二面性があります。歴史や年代記に記述される時間（クロノス）は、世界全体に一様に流れ、砂時計のように過去から未来へと直線的に進んでいきます。

それに対し「昼と夜」「月の満ち欠け」「春夏秋冬」といった自然界のリズムは、日時計のように延々と循環運動を繰り返しています。この永劫回帰する時間(カイロス)は、神話や儀礼などに普遍的に現れる心理的時間で、人の一生と同じく「誕生→成長→老化→死滅」を一サイクルとし、次のサイクルと結合することによって「死滅→再生」という円環構造を形成しています。

現代では時間といえば常識的にクロノスを指しますが、自然界を住居とした太古の人々にとっては、カイロス時間こそが普遍的な時間概念でした。人々は太陽の出没によって「一日」というカイロス周期を知り、月の満ち欠けによって「一月」という別の周期を知りました。天空を動く太陽と月は、回帰する時間の単位を知らせてくれる、極めて神聖な存在だったことでしょう。

太陽の聖なる力

太陽は毎朝東の空で誕生し、まばゆい光を放ちながら天空を移動して世界に昼をもたらし、夕方には西の空に沈んで死んでゆきます。そしてたとえば古代エジプトでは、夜の太陽は死の世界を西から東へ巡ると信じられていました。

太陽はまた、一年の季節変化の周期をもたらします。夏になると次第に活力を増して空高く昇るようになり、灼熱の日々がやってきます。とりわけ夏至の日は、太陽の聖なる力が最高潮に達する特別な日です。冬には太陽の力が衰え、自然界の流れが滞るようになります。冬至は太

図2-3　太陽の運行

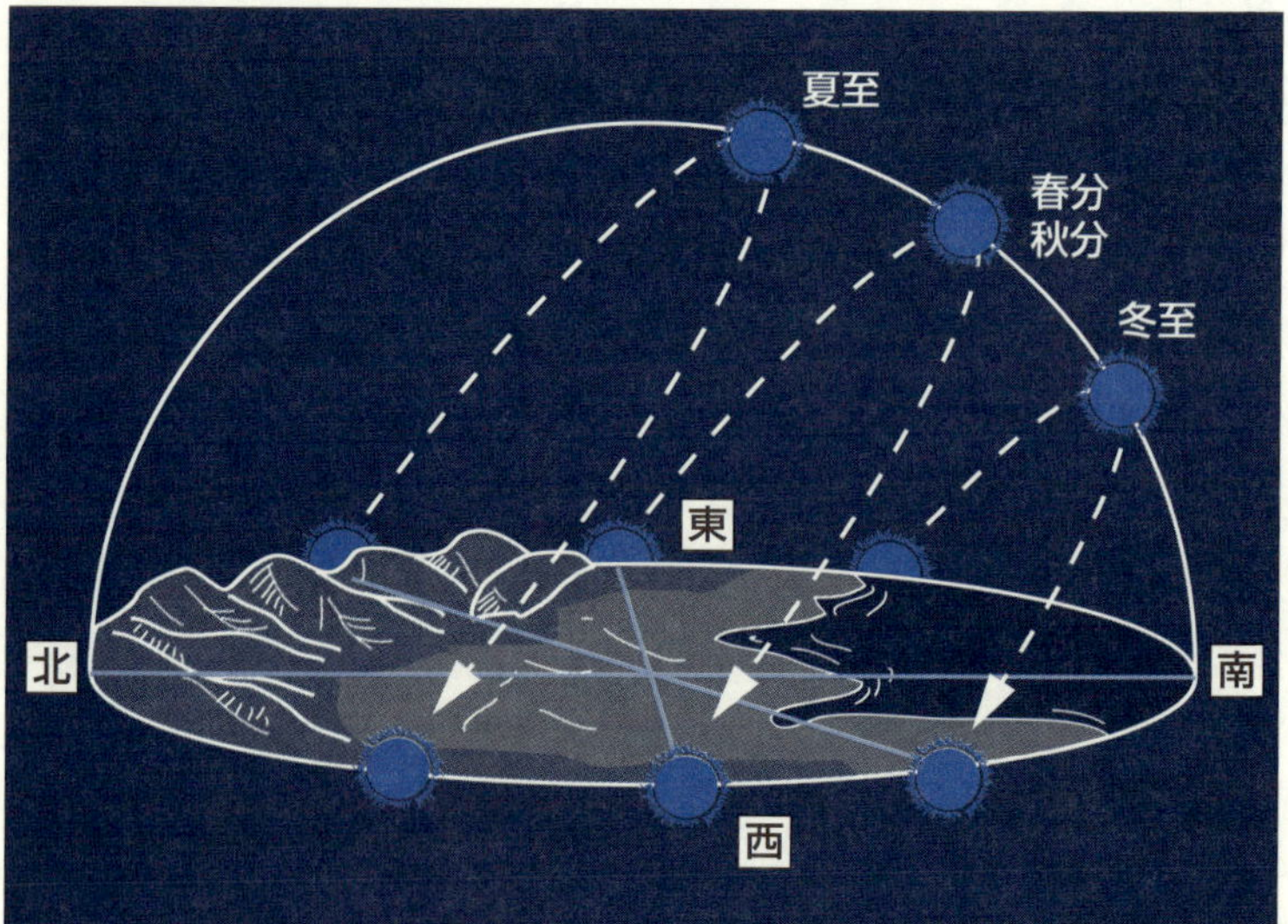

陽の力が最も衰える日で、多くの民族が、冬至の太陽が沈んでいく先に冥界があると考えていました。

カイロス時間においては、あるサイクルの終焉は次のサイクルのはじまりでもあります。冬至を境にして、太陽は再び高度をじわじわと取り戻し、世界は再生へと向かいます。冬至は太陽が復活する日でもあり、世界各地で太陽の復活を祝う冬至祭が行われました。

こうしたことから、人類が最初に認識した方角は夏至と冬至の太陽の出没方位だったと思われ、それを端的に示す遺跡が世界中に数多く残されています。

たとえばイギリスの新石器時代の巨石遺跡ストーンヘンジは、遺跡の主軸が夏至の太陽が昇る方角と正確に一致しています。夏至の日の朝、昇ったばかりの太陽の光は、80メートルほど離れたところにあるヒールストーンの上を通過して、

図2-4　ストーンヘンジ

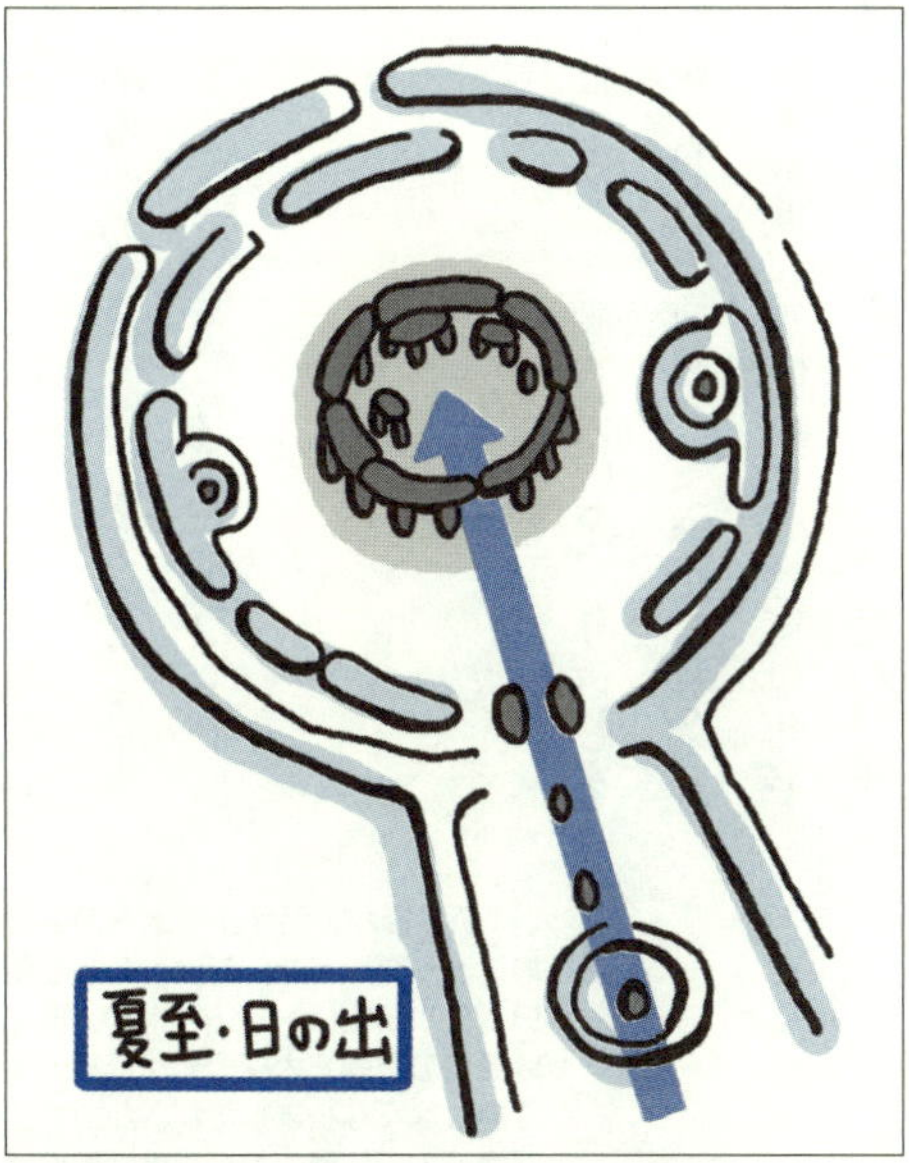

夏至の日の朝日が巨石の環の中心に射し込みます。

巨石の環の中心に射し込むのです。中央に馬蹄形に配置された五基の巨石は、あたかもその光を受け止めるためのキャッチャーミットであるかのような印象を受けます。おそらくストーンヘンジは、この世で最も神聖な光とされた夏至のご来迎のエネルギーを捕捉しようとして建造されたものなのでしょう(*)。

月の満ち欠けと不死再生

さて、見かけの形状が変わらない太陽に対し、月は休みなく満ち欠けを繰り返します。ある日、西の空に細い三日月として誕生した月は、日ごと成長して天空を移動していき、やがて東の空で満月を迎えます。ここで力が最高潮に達すると、今度は年老いて痩せ衰えていき、ついには姿を消してしまいます。そしてその三日後、死んだはずの月は再び三日月として西の空に甦ります。

この月相の変化は、「誕生→成長→老化→死滅」→「再生」というカイロス時間の円環構造を如実に示しています。そのようすから、月神は古代人にほぼ共通の認識として、不死再生や輪廻転生の象徴とされ、夜と冥界の支配者と考えられていました。月の満ち欠けが啓示する死と復活のイメージは、いろいろな民族の「死の起源説話」に盛り込まれています。

(*) このほか、アイルランドの巨石墳ニューグレインジでは、冬至の朝日だけが石室に射し込みます。現在は歳差の影響で太陽の光が最奥部まで達しなくなりましたが、かつては最奥部の石に刻まれた三重螺旋模様を照らしたといわれます。

また、形の変化が日を数えるのに大変わかりやすく都合がよいため、多くの民族が暦を司る神としています。暦とは日読《かよみ》が語源だろうといわれていますが、日本の月神ツクヨミもまた「月読」ですから、冥界の支配者であるとともに、暦を司る神でもあったようです。

図2-5　再生する月神

2-3 暦の話

太陽暦

暦には大別して「太陽暦」と「太陰暦」があります。太陽暦は太陽の年周運動をもとにして一年の長さを決める暦で、古代社会ではエジプトやマヤの暦が一年の長さを３６５日とする太陽暦でした。現在、ほぼ世界共通で使われているグレゴリオ暦もまた、一年の長さを３６５・２４２５日とする高精度の太陽暦です。

古代エジプトでは、毎年、夏至の頃にナイル川が氾濫を起こしました。この洪水によって、ナイル川流域に肥沃な土砂が大量にもたらされ、優れた農地が自然にできあがったのです。しかしその一方で、洪水は毎年多大な被害ももたらしました。やがて、夜明け前の空におおいぬ座のシリウスがはじめて見えると、続いてナイル川の増水がはじまることがわかり、明け方の空が熱心に観測されるようになりました。そして、シリウスがはじめて見えた日が、新しい年のはじめとされたのです。そのため、古代エジプトの暦は恒星暦とでもいうべきものなのですが、それはとりもなおさず、太陽暦と同じ周期となるわけです。

古代ローマでは、一年の長さを355日とする太陰暦起源の素朴な暦が長く使われていました。やがて、ローマ中興の祖シーザーがエジプトに遠征した折に、エジプトの非常に優れた暦の存在を知って、これをローマに持ち帰ったのです。彼はこの暦を参考にして、紀元前四十六年に、一年の長さを365・25日とするユリウス暦を制定しました。この暦は十六世紀にローマ法王グレゴリウス十三世によって微修正が加えられ、現在のグレゴリオ暦となりましたが、四年に一度の閏年を入れる方法など、現在のカレンダーはこのユリウス暦がもとになっています。日本では明治六年（一八七三）からグレゴリオ暦が採用されました。

太陰暦

一方、太陰暦は月の満ち欠けによって月日を数える暦で、文明の黎明期から世界のほとんどの民族が

図2-6　マヤのカレンダー

ごく自然に使いはじめています。死滅しても再び甦《よみがえ》る月神は、人類共通の願いともいえる「再生」を具現しています。輪廻転生を信じることは、死の恐怖を軽減する一つの方法ですが、古代人はそのよりどころを、常に甦る月神に求めたのです。古代バビロニアの祭司たちは新しい月の誕生を丘の上で待ち受け、細い月を夕焼けのなかに見つけると、ラッパを吹き鳴らしてその出現を国中に知らせたといいます。それが古代の太陰暦における一か月のはじまりでした。

現代では、月がちょうど太陽と地球の間に来たときのことを「新月」(あるいは「朔《さく》」)といっています。天文学上は、太陽と月の黄経値が同じになった瞬間と定義し、そのときの月齢をゼロとして月の周期の出発点としています。新月は太陽と同じ方向にあるので、実際には見ることができません。しかし古代社会において「新月」とは、文字通り、実際の空にはじめて見える細い月(今でいう三日月)のことでした。現代でも、民俗学などではこの意味で使われるので注意が必要です。純粋な太陰暦が使われているイスラム世界では、今でも天文学者が望遠鏡で新月を観測し、月のはじめを決めています。

古代中国でも古くは新月(今でいう三日月)を月初とする暦を使っていたようですが、やがて天文学の進歩に伴って、朔日を月初とする新たな暦が作られました。そして、かつての新月のことは、月が出ると書いて「朏《ひ》」と呼びました。また、太陰暦では一年（十二朔望月）の長さが３５４日となり、暦と季節が毎年約11日ずつずれてゆきます。そこで、季節の基準点として、夏至、冬至などを含む二十四節気を定め、これをもとに十九年間に七回の閏《うるう》年（一年を十三か月とする）を設け、暦と季節を合わせる手法が編み出されました。一年のはじまりは、最初は太陽の復活する冬至とされたのですが、のちに立春に改められました。この暦は、月の満ち欠けをもとにしながらも、太陽暦の一種であるともいえます。このようなタイプの暦を「太陰太陽暦」と呼んでいます。

　日本で明治五年まで使われていた「旧暦」はこの中国の暦を模倣して作られたもので、朔を「ついたち」、朏を「みかつき」と訓読みしてい

図2-7　新月（今でいう三日月）

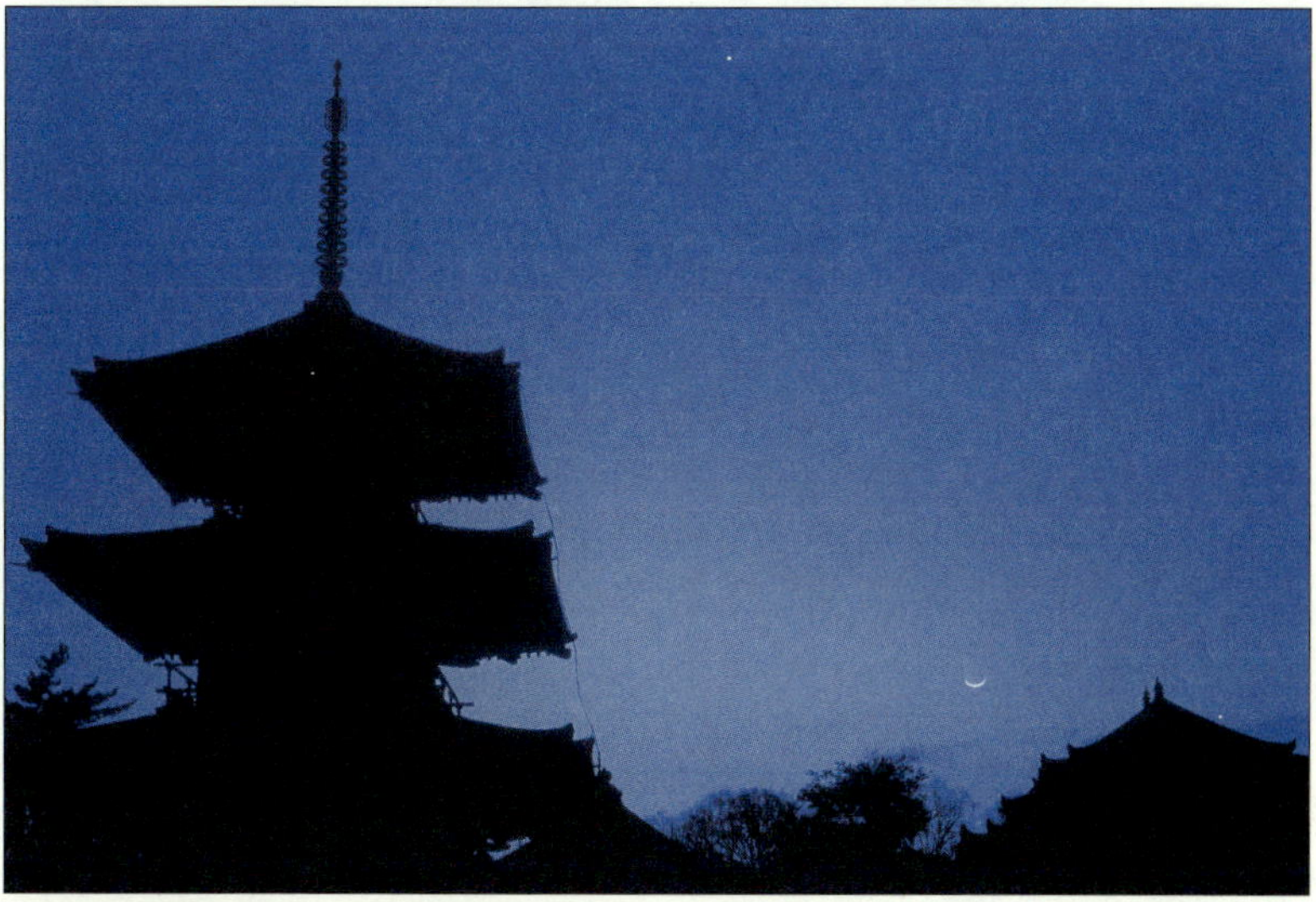

服部完治撮影

ます。今でも私たちは毎月一日を「ついたち」と読んでいますが、これは「月立ち」が訛ったもので、本来は朔日を意味する言葉だったというわけです。

図 2-8　改暦前の最後の和暦

永田宣男蔵

2-4 星占いの星座たち

占星術のはじまり

惑星たちは、星座のなかを毎日少しずつ移動していきます。金星はほぼ九か月ごとに夕方の空と明け方の空に交互に現れ、木星は十二年で空をぐるりとひと回りします。メソポタミア文明を築き上げ、最初に星座を作ったといわれるシュメール人は、惑星の存在にも早くから気づいていたようです。星が空の天井の模様だと思っていた彼らにとって、惑星の複雑な動きはとても不思議だったことでしょう。彼らはこれを神の兆候と考えました。

原始社会では、自然界の森《しん》羅《ら》万象《ばんしょう》を擬人化・神格化し、崇拝の対象としていました。太陽は雲に隠れることによって、やがて恵みの雨が降ることを教えてくれるわけです。その類推から「天に特別な兆候が現れたら、それは、やがて起こる大事件を示している」とされたのも、違和感なく受け入れられたことでしょう。彼らにとって「予測」と「予言」は同じレベルのことだったのです。

こうして古代バビロニアでは、太陽神シャマシュと月神シンに加え、水星、金星、火星、木星、土星の五惑星が天空神として崇拝の対象となり、その七柱の神々の動きが組織的に観測されるようになりました。この頃の占星術は、現在のような個人の運勢を占うものではなく、政変、干抜、疫病といった一国の大事を占うものでした。そして占星術は、古代の学問体系の重要な基盤の一つとなっていったのです。

ホロスコープと黄道十二宮

このバビロニアの占星術がやがてギリシアに伝えられると、占星術は天宮図（ホロスコープ）を使って個人の運勢を占うものに変化していきます。ギリシアの哲学者たちは、人間は生まれたときの星の配置によってその一生が決まると考えたのです。

図2-9　七惑星

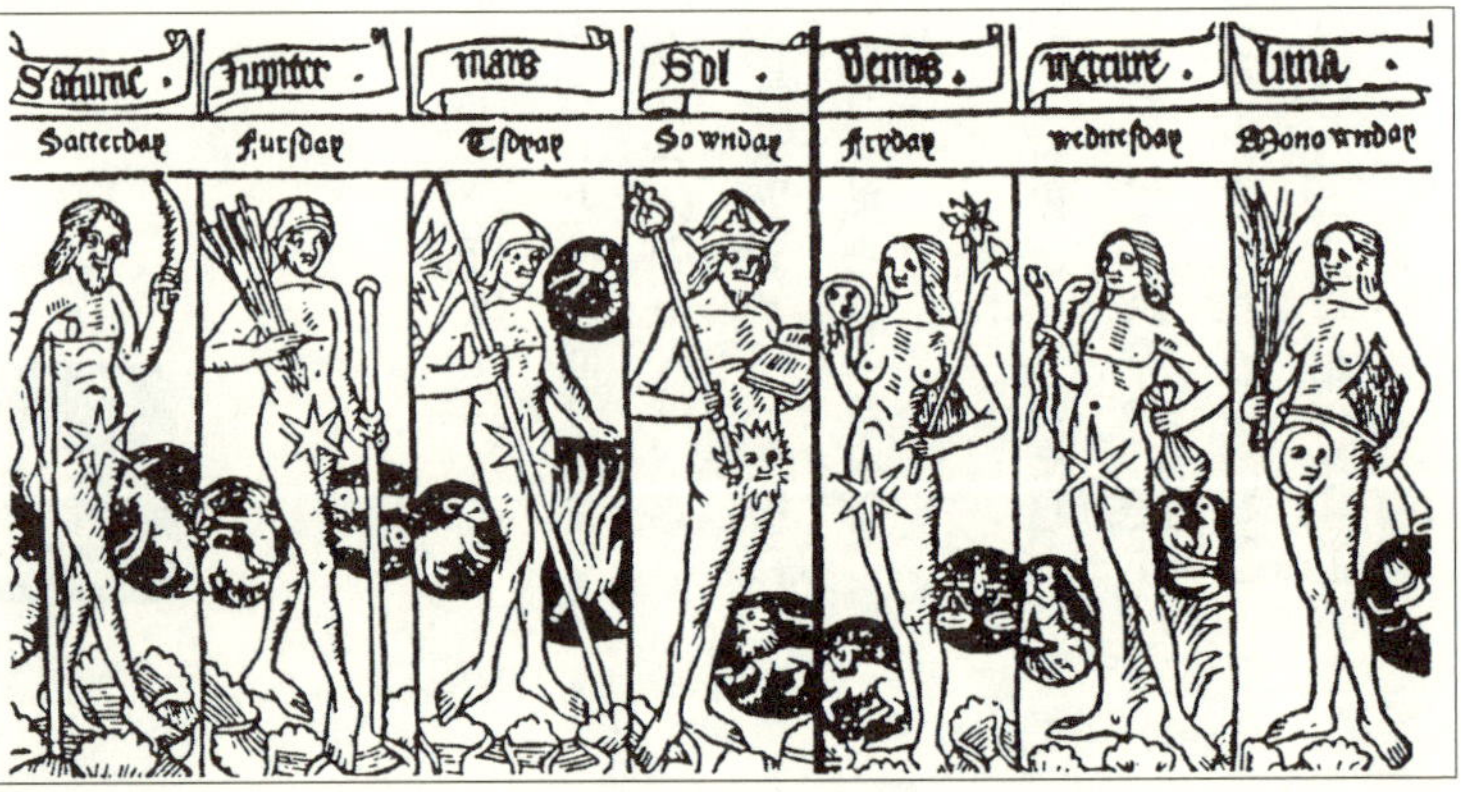

左から、土星・木星・火星・太陽・金星・水星・月で、地球から遠い順（動きの遅い順）の並びになっています。
Shepherd's Calendar (1579)『種村季弘・監修　池田信雄、他訳　「図説・占星術事典」同学社（1986）』より

「太陽が季節の変化という多大な影響を及ぼすからには、個人にも計り知れない影響を与え、その人の魂に特定の性格が刻まれるに違いない」

「しし座はライオンの勇敢さや支配者的精神が宿っているはずだ。夏が暑いのは太陽がしし座にあってその影響を受けるからだろう。そのとき生まれた子は、勇敢な性質を持つようになる」

などと考えたのです。ホロスコープは出生時の天界の状況を図に表したもので、「時の見張り」という意味です。いわば、人の運命を読み取るための時間の望遠鏡です。

惑星たち（占星術では太陽と月も含め七惑星）は見かけ上、黄道付近を往来します。ギリシア人（一説によるとヒッパルコス）はバビロニア伝来の星座をもとに、黄道を中心とした約16度の幅を持った帯状の区域（獣帯）を定め、春分点を出発点として30度ごとにきちんと区切って整頓しました。その十二個の長方形の区画が「黄道十二宮」で、ホロスコープ上で人の運命を占うための基本要素となっています。

黄道十二宮それぞれの性質については、獅子宮は「勇敢」といったように、星座のイメージが当てはめられました。そこにさらに、「世のなかは男と女だけだから十二宮も男と女だけだろう」というようなギリシア独自の哲学的意味が付加され、男女二性、行動の三特性、四元素が十二宮に機械的に割り振られました。三特性は人間の行動のパターンで、単純にいえば、運動宮は創造的、不動宮は保守的、流動宮はその中間段階で破壊的とされます。したがって、たとえば白羊宮は、男性的で創造的で火のように情熱的であるというように、それぞれの宮の性格が決まってきます。

ホロスコープの解読は、こういった十二宮の性質に加え、各惑星の意味や相互になす角度（アスペクト）、出生時に東の空から上昇しつつあった宮（アセンダント）など、さまざまな関係を考慮して総合的に行われます。

アスペクトは１２０度の角度をなす関係がよいとされ、30度、90度の角度をなす関係は悪いとされます。相性占いで、さそり座生まれとうお座生まれが相性がよいとされるのは１２０度の角度をなすからですが、要するに、天蝎宮も双魚宮も同じ「水」の宮になるからです。いて座生まれとうお座生まれは90度の角度をなし、火と水ですから相性が悪いとされるのも当然でしょう。

図2-10　獣帯と黄道十二宮

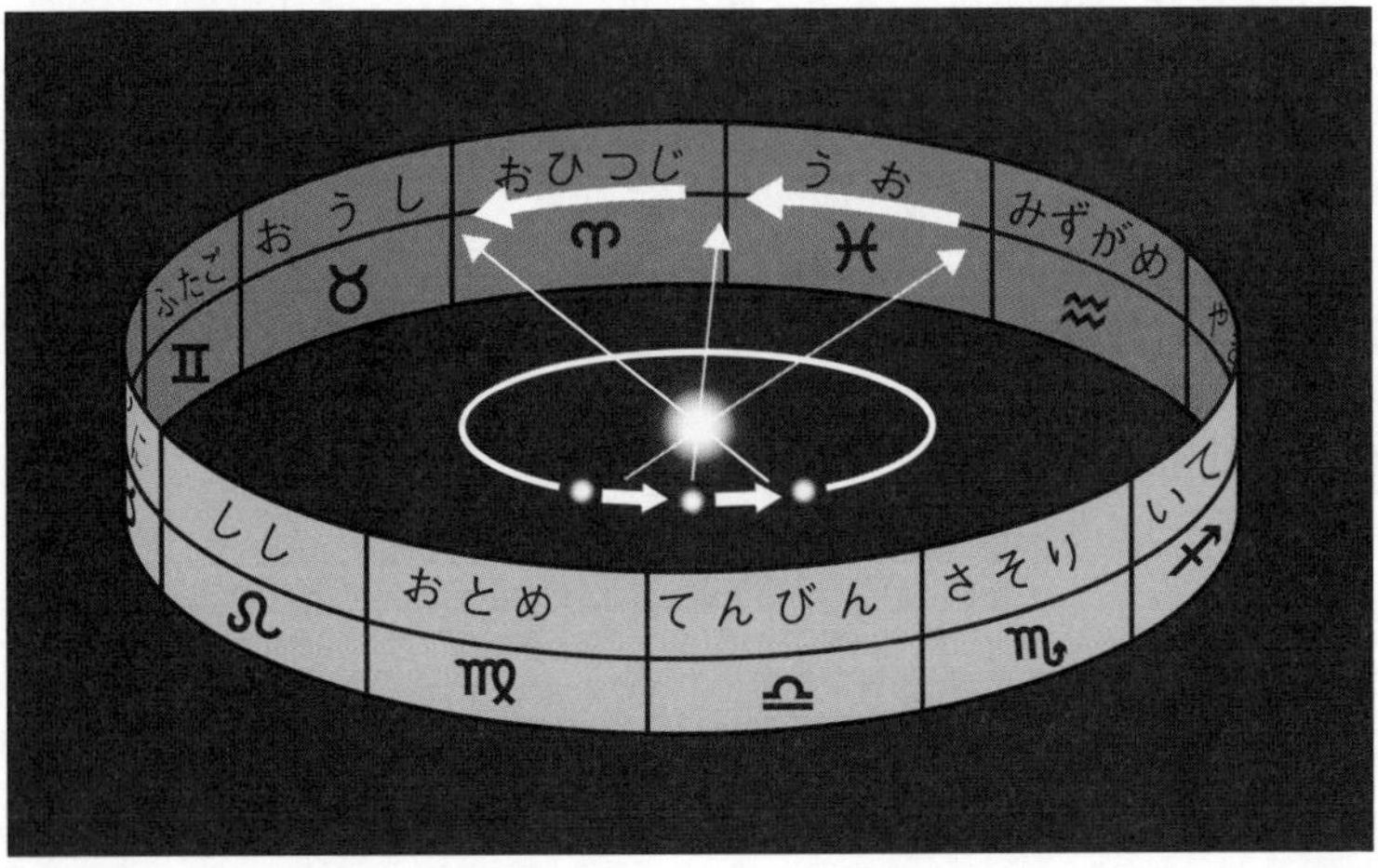

紀元二世紀、プトレマイオスは『アルマゲスト』によって古代の天文学を集大成しましたが、一方で『テトラビブロス』という占星術書も著わし、占星術の集大成も行っています。現在いろいろな雑誌に掲載されている「星占い」の源流は、このプトレマイオスの書まで遡るのです。

十二星座と十二宮のずれ

さて、占星術を読み解く上で特に注意する必要があるのは、黄道十二宮は天球上の単なる区画に過ぎないということです。実際の十二星座がきちんと十二宮に対応しているわけではありません。星座を表す場合はひらがなで「おひつじ座」、十二宮の場合は伝統的な「白羊宮」という名称を使って区別します。そして占星術で意味を持つとされるのは、星座ではなく宮のほうなのです。

そのような二重構造が生じる理由は、地球の歳差運動によって春分点の位置が少しずつずれてく

図2-11　グランド・クロス（1999年8月18日）

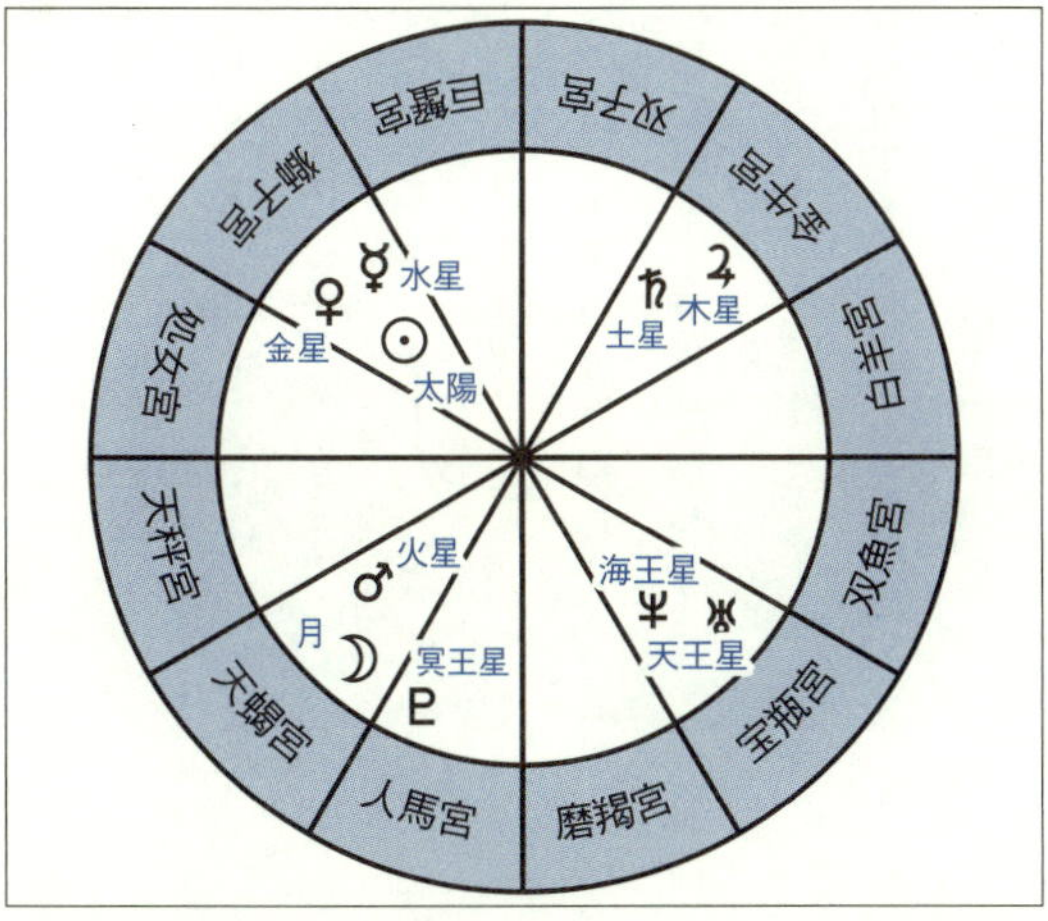

この日、すべての惑星が最凶のアスペクトをなし、世界は滅亡すると騒がれました。

るからです。黄道十二宮が定められたギリシア時代には、確かに「白羊宮」という部屋のなかに「おひつじ座」の星々がすっぽり入っていて、星座によって大きさの違いがあるとはいえ、さほど問題はありませんでした。それが二〇〇〇年の間にほぼ一星座分ずれてしまって、今では「白羊宮」のなかに「うお座」の星々が入っています。このずれは将来ますます大きくなっていき、二万五八〇〇年後にやっと一周してもとに戻ります。

このずれをいちいち修正するのは大変ですから、占星術では背景の星座は無視して、春分点から機械的に定めた黄道十二宮のみを考慮することにしています。したがって、生まれたときに太陽が「かに座」にあった人は占星術上は「獅子宮」生まれとされ、ライオンのような勇敢さを持つといわれるわけで、現代では論理的整合性がなくなっています。その上、一九二八年に星座の境界線が定められた結果、太陽は十二星座だけでなく、かなりの期間「へびつかい座」も横切るようになってしまいました。

これらのことから、最近では実際に太陽が通過する十三星座をもとにした「十三星座占い」なるものも登場しています。でも、「それじゃ十三星座の占いのほうが正しいの？」なんて聞かないでください。どちらにしても「占い」ですから、結局は、あなたがそれを信じるかどうかの問題なのです。

表2-1　黄道十二宮とその性質

黄道十二宮	誕生日の期間	守護星	陰陽	三特性	四元素
白羊宮（はくよう）	3/21 ～ 4/20	火星	男	運動	火
金牛宮（きんぎゅう	4/21 ～ 5/20	金星	女	不動	土
双子宮（そうじ）	5/21 ～ 6/21	水星	男	流動	空気
巨蟹宮（きょかい）	6/22 ～ 7/22	月	女	運動	水
獅子宮（しし）	7/23 ～ 8/23	太陽	男	不動	火
処女宮（しょじょ）	8/24 ～ 9/23	水星	女	流動	土
天秤宮（てんびん）	9/24 ～10/23	金星	男	運動	空気
天蝎宮（てんかつ）	10/24 ～ 11/22	火星	女	不動	水
人馬宮（じんば）	11/23 ～ 12/21	木星	男	流動	火
磨羯宮（まかつ）	12/22 ～ 1/20	土星	女	運動	土
宝瓶宮（ほうへい）	1/21 ～ 2/19	土星	男	不動	空気
双魚宮（そうぎょ）	2/20 ～ 3/20	木星	女	流動	水

表2-2　太陽が実際に通過する星座

実際の星座	通過期間
うお座	3/13 ～ 4/19
おひつじ座	4/20 ～ 5/14
おうし座	5/15 ～ 6/21
ふたご座	6/22 ～ 7/20
かに座	7/21 ～ 8/10
しし座	8/11 ～ 9/16
おとめ座	9/17 ～10/31
てんびん座	11/1 ～11/23
さそり座	11/24 ～11/30
（へびつかい座）	12/1 ～12/18
いて座	12/19 ～ 1/19
やぎ座	1/20 ～ 2/16
みずがめ座	2/17 ～ 3/12

2-5 十五夜の月

中秋の名月

旧暦では七~九月の三か月が秋とされ、ちょうどその真ん中、旧暦八月十五日の月を「中秋の名月」と呼んでいます。単に「十五夜」といえばこの日を指し、古来より、各地でお月見の行事が盛んに行われてきました。同様の習俗は中国や韓国をはじめ東アジアに広く分布していて、この習俗は大陸起源であることが伺えます。

旧暦は月の満ち欠けをもとにしているため、日付からだいたいの月の形がわかります。しかし、月の軌道は楕円のため、中秋の名月がぴったり満月の日になるとは限りません。年によっては満月から二日ほどずれてしまうこともありますが、お月見は日付優先で八月十五夜に行われます。

なぜこの日が選ばれたのかは、じつは定かではありません。各地に伝わるお月見の行事内容を見ると、秋の収穫祭としての色合いが濃いのですが、稲の収穫には早すぎる時期です。一説に、中秋の名月は「芋名月」とも呼ばれ、サトイモを供えることか

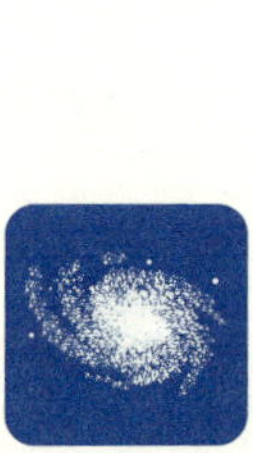

ら、サトイモの収穫祭だろうともいわれます。稲の収穫祭として、九月十三夜の「後の月」（栗名月）にもう一度お月見をするようになったというのですが、収穫祭としての意味はあとからついてきたもののようにも思われます。

いずれにしても、美しい月をじっくり眺めて楽しむには、この季節がふさわしいことは確かでしょう。東の空から昇ったばかりの満月は、まさにお盆のようで、とても大きく見えます。日本では月の表面の黒い模様をウサギの餅つきに見立てましたが、世界各地に、じつにさまざまな見方が伝えられています。たとえば、片腕のカニ、女性の横顔、ガマガエル、吠えるライオン、ワニ、ロバ、水を汲む男、魔法使い、本を読む女性、芝刈りのおじいさん、などなど。果たしてそのように見えるかどうか、お月見のときに確かめてみるのもまた一興です。

月にまつわるさまざまな不死再生伝説

多くの民族にとって、月は不死再生の象徴でした。死んで再び甦る月の生命力は非常に強力で、月が生命の源であるとか、月の宮殿には不死の薬や若返りの水があると信じられていました。そのため、月の模様には、それに付随する不死再生の伝説が伴っている例が数多く見られます。

図2-12　月の模様いろいろ

満月　名古屋市科学館撮影

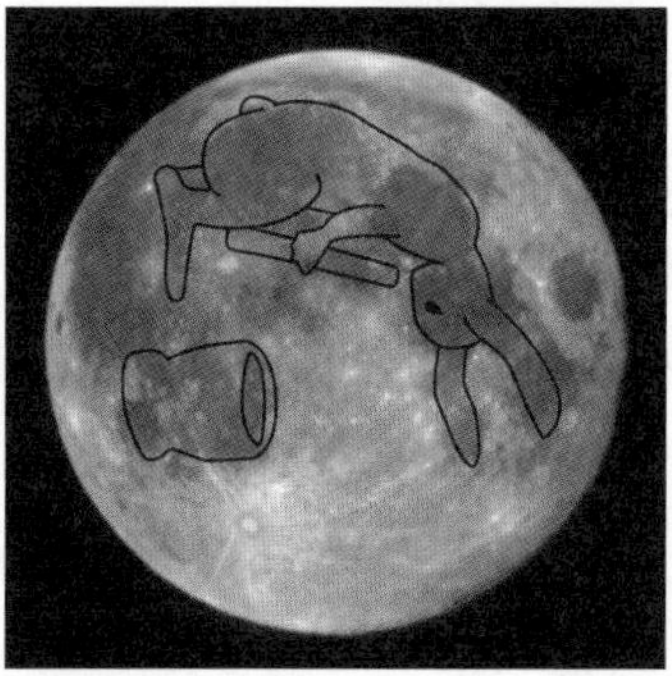

ウサギ

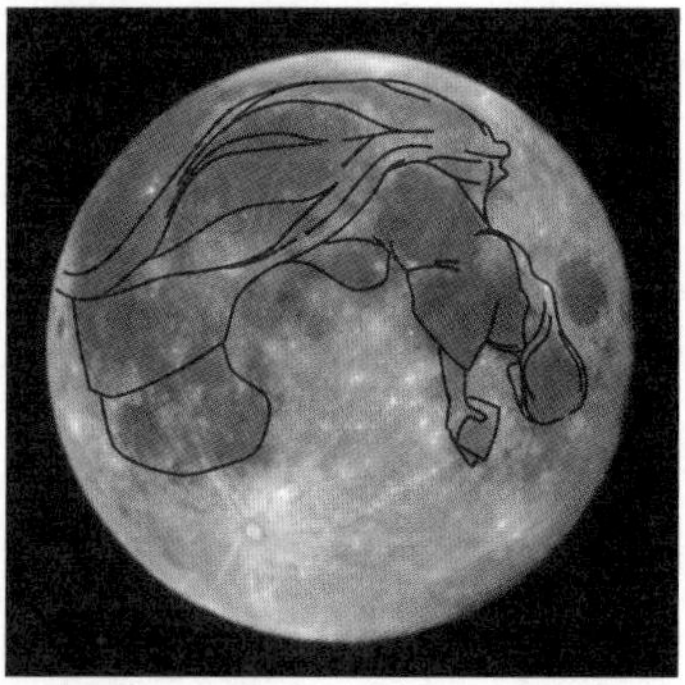

本を読む女性

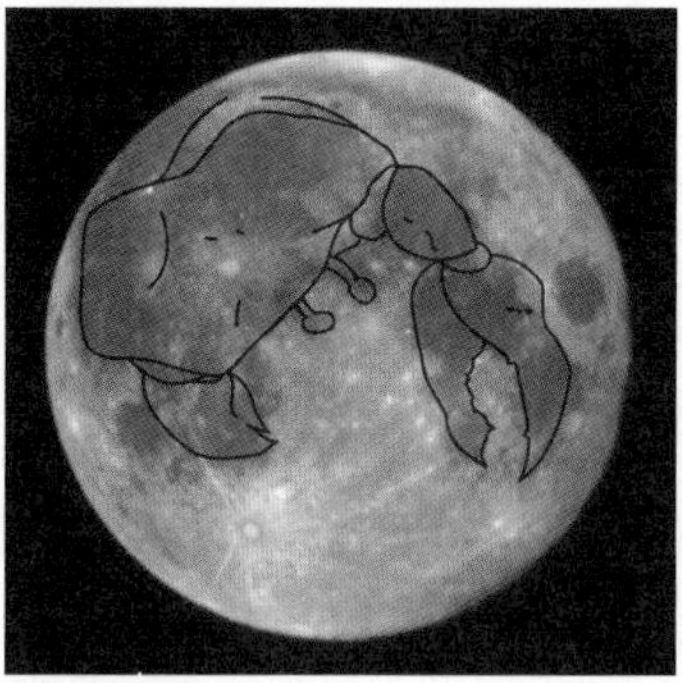

片腕のカニ

女性の横顔

アフリカを中心として広く伝えられている物語のパターンは、昔、月が人間を不死にしようとして、月の持つ不死の能力や不死の水などを使者に託します。ところが、使者のうっかりミス（あるいは悪意）によってせっかくの月の慈悲が無駄になり、人間は死すべき運命に落ちるといった話です。使者として登場するのは、ウサギ、犬、トカゲ、カメレオン、水を汲む男など、話によってさまざまですが、これらは表面の模様から生み出されたイメージなのでしょう。

中国の伝説によれば、嫦娥《じょうが》という女性が不死の薬を盗んで飲んだところ、身体がふわりと浮き上がって満月のなかに入ってしまいます。月の宮殿は一本の桂の木と、薬をつくウサギがいるだけの殺風景なところでした。その後、嫦娥はガマガエルになって、一人淋しく月に住んでいるといいます。

日本では月のウサギは餅をつきますが、これは稲作文化による変容といわれ、中国では薬をついているわけです。この薬こそ、嫦娥が飲んだとい

図2-13　不死の薬をつく月のウサギ

羅信耀著・式場隆三郎訳「続・北京の市民」文藝春秋社（昭和18）より

う不死の薬なのでしょう。かぐや姫もまた、月宮殿に帰る際に竹取の翁に不死の薬を残したとされています。

十五夜は、月の生命力が最高潮に達する夜です。そんな満月の夜、野ウサギが野原に何羽も集まって、気がふれたように飛び跳ねることが実際にあるそうです。そのため西洋では、妖しい月の光を狂気の源と考えて忌み嫌い、満月の光を浴びて奇怪な狼の姿に変身する「狼男」の伝説を生み出しました。

日本では、家族そろって外へ出てお月見をします。また、月の生命力にあやかって、十五夜に綱引きをしたり相撲を取ったりする習俗が、薩摩地方を中心に各地に見られます。こうしてみると、お月見の習俗は、最高潮に達した月の生命力を身体に受ける、つまり「月光浴」することによって、長寿と無病息災を願ったのがはじまりだったのではないかとも思われます。

2-6 七夕と星祭り

七夕の起源

七夕の起源は二世紀ごろの中国・後漢の時代にまで遡ります。その頃の文献に織女星と牽牛星についての記述が見られ、三〜四世紀には、織女と牽牛が一年に一度だけ会うという星伝説が登場します。やがて六世紀になると、織女にあやかって機織りや針仕事、書道の上達を願う「乞巧奠《きっこうでん》」という民俗行事が盛んに行われるようになりました。

日本には八世紀ごろ、奈良時代に遣隋使や遣唐使によって伝えられたといわれています。長らく宮中の行事でしたが、江戸幕府が五節句の一つに定めたことから広く庶民に普及し、日本古来の収穫祭や祖霊祭の行事と融合して、独自の「七夕」の習俗が生まれたのです。

七月七日、願い事を書いた五色の短冊を笹竹に飾り、ナスやキュウリを供えます。祭りが終わると笹竹は川や海に流され、天の川に届けば願いが叶うとされました。いまでは商店街のお祭りといったイメージが強い七夕ですが、庶民にとって最も身近な星祭りであることには変わりなく、幼い子供が「星」を原体験する最初の機会となっています。

旧暦の七夕・月遅れの七夕

ところが、七月七日は梅雨の真最中で、めったに晴れてはくれません。その上、七夕の星たちはまだ東の空低く、見やすい位置でもありません。こんな不適切な時期に、なぜわざわざ星祭りを行うようになったのかというと、それは明治六年に行われた改暦のせいなのです。古来、七夕は旧暦で行われていたわけですが、旧暦は立春の頃を正月としています。新暦を使うようになって年初が一か月ほど早まり、日付がその分だけずれてしまいました。旧暦七月七日は、新暦では八月十二日頃を中心とした夏休み期間中になります。この頃なら暑い盛りで天候もよく、そして七夕の星たちも、ちゃんと見頃の位置に昇ってくるのです。

しかし、旧暦を使って七夕祭りを行うことにすると、毎年、お祭りの日付が違ってきてしまいます。これはこれで、社会のシステムからすれば都合が悪いことには違いありません。そこで新たに「月遅れ」という考え方が生み出されました。旧暦が約一か月遅れていることから、新暦の八月七日に固定して七夕祭りを行おうというわけです。有名な仙台の七夕祭りなどがこの例です。

この月遅れという考え方は「お盆」についても適用されることが多く、七夕の一週間後の旧暦七月十五日に行われていた祖霊祭（お墓参りや精霊流しなど）が、現在は月遅れの新暦八月十五日に行われることが一般的になっています。

こうして、「新暦の七夕」「旧暦の七夕」「月遅れの七夕」の三種類の七夕の日が混在することになったわけですが、日本の伝統的な七夕の行事はお盆の導入行事としての意味を持つものも少なくありません。七夕にお墓の掃除や水浴びをする例も多いのですが、これはもともとお盆の一週間前に行われていた、ケガレを流して祖

図2-14　おりひめ星（ベガ）とひこ星（アルタイル）

加藤詩乃撮影

先の霊を迎えるための禊《みそぎ》の行事が、七夕と習合したものです。七夕に供えるナスやキュウリも、祖先の霊が乗る牛や馬としての意味を持っています。本来、七夕とお盆は連続して行われてきた習俗なのです。月遅れのお盆が定着している現状からして、また、七夕の星を楽しむ上でも、七夕も月遅れで行って欲しいところです。

なお、旧暦では七~九月の三か月が秋とされますから、七夕は暦の上では秋の行事であり、俳句でも秋の季語とされています。

図2-15　安藤広重　江戸名所百景

三菱東京 UFJ 銀行貨幣資料館蔵

現代中国の七夕伝説

ところで、七夕の伝説の最も古い形は、働き者だった天帝の娘の織女が、牽牛郎と結婚したとたん仕事もせずに遊び暮らすようになり、怒った天帝が天の川を隔てて二人を引き離し、一年に一度しか会うことを許さないという極めて単純なストーリーです。日本ではこのオーソドックスな形がそのまま語り継がれているわけですが、本家本元の中国では千年以上の間に物語にさまざまな枝葉がつき、かなり複雑な話に変貌しています。

現代の中国で、七夕の時期に各地で盛んに演じられている「天河配《てんがはい》」という民間戯曲では、貧しい牛郎が、水浴びをしていた天女の羽衣を隠して妻にするというお話です。二人の子供にも恵まれたのですが、ある日、天女が西王母《せいおうぼ》という女神に見つかって天に連れ去られてしまいます。牛郎は牛の力を借りて天に昇って追いかけるの

図2-16　中国の年画に描かれた織女と牽牛

早稲田大学図書館蔵

ですが、あと一歩というところで西王母が後ろ手にかんざしで天空に線を引くと、そこから水が蕩々《とうとう》とあふれ出し、それが天の川になって二人を隔ててしまいます。そして、毎年七月七日の夜だけ、親子が川を渡って会うことを許されるのです。

七夕伝説とさまざまな天人女房譚

天女の羽衣を奪って妻にする話は「天人女房譚《たん》」と呼ばれ、民話の典型的なモチーフの一つです。アラビアンナイトや北欧エッダ神話など、世界中にその類例が見られ、日本でも三保の松原の羽衣伝説が有名です。同様の七夕伝説が広く東アジア一帯に伝えられていて、地域によっては「植物などによる登天」「難題婿」といったモチーフが加わり、以下のようなさまざまなバリエーションが派生しています。

①水浴している天女を見つけた若者が、羽衣を隠して天女を妻とします。やがて子供が生まれますが、天女が羽衣を見つけ、一人で（あるいは子供を連れて）天に帰ってしまいます。（ここで話が終われば、離別型）

②夫は竹や瓜などをよじ登って（あるいは、牛や犬の助けを借りて）天に昇ります。（再会型）

③夫は天女の父から難題を出されますが、天女のアドバイスによってそれを遂行

し、二人は再び夫婦となります。（難題型）

④夫は最後に失敗して、大水が二人を隔てて天の川となります。二人は星となって、一年に一度、七月七日の夜に会うようになります。（七夕型）

世界中に広く伝えられている天人女房譚は、ほとんどの場合③までに結末を迎えます。④の七夕型は東アジアに特有の伝承で、本来の天人女房譚に中国の星伝説が合体して形成されたものであることがわかります。

2-7 天へのあこがれ

川や道に見立てられた天の川

星のきれいな山奥などで天の川を眺めると、まるで綿雲のように見えます。両側に輝くベガとアルタイルは、確かに天の川を隔てて見つめあっているようなイメージで、ロマンチックな星伝説が生み出されたのも頷《うなづ》けるでしょう。古代の人々の多くは、この天の川を「川」や「道」に見立てていました。

古代文明の発祥の地では地上の大河にたとえられる例が多く、エジプトでは「天上のナイル」、インドでは「天上のガンジス」、中国では「天河」（天の黄河）あるいは「天漢」（天の漢水）などと呼ばれました。漢水は揚子江の支流の一つで、南北に流れるようすが天の川と一致することからこの名がついたともいわれます。また、東アジア各地に伝わる七夕伝説は、天の川の起源説話を伴っています。中国では西王母がかんざしで天に傷をつけ、奄美大島ではミケラン（彦星）が天の瓜を切ります。すると、そこから水があふれ出して天の川になり、織女と牽牛を隔てるといったストーリーです。

道という見方も広く分布していて、フランスでは「ジャックの道」、スウェーデンでは「冬の道」、ギリシアでは「乳の道」で、英雄ヘラクレスが赤ん坊の頃、女神ヘーラの乳を吸おうとして、あまりの怪力に女神の乳が飛び散って天を汚したのが天の川とされ、英語の「Milky Way」の語源となっています。また、神々が天上のゼウスの宮殿に昇るときに通る道でもあります。フィンランドでは、死者の魂が鳥になって、亡きがらをくわえて天国に運ぶ道。インディアンは、死者の魂が北風に吹かれて南へ旅をする道と考えました。天の川のなかに青白く光る星は、寒さに震える魂たちが焚き火をしているのです。

異界との境界

これらの伝承に共通するモチーフは、天の川が「異界との境界」とされている点です。古代の人々は、この世とは別の世界（異界・あの世）がきっとどこかにあると信じていました。そうでなければ、人はどこから来てどこへいくのか、神々はどこにいるのかといったことが説明できなかったからでしょう。そこは一種のパラレルワールド(*)で、川の対岸（彼岸の国）、川の上流（桃源郷）、地平線や水平線の彼方（ニライカ

(*) **パラレルワールド**
現実の世界と並行して存在するとされる想像上の異次元の世界。

ナイ)、地底(地獄)、天界(天国、月宮殿、霊山の頂上)などです。神々はこれらの異界からやって来ます。人の魂もまた、異界からやって来て、死ぬと異界へ帰っていくわけです。

異界は、神々の住む永遠不変の「常世《とこよ》の国」であるとともに、死霊の住む暗くて恐ろしい「黄泉《よみ》の国」でもあり、また、人が生まれ、万物を生みだす至福豊饒の「根の国」でもあります。黄泉の国と根の国ではイメージが正反対ですが、神話伝説においては、これらの概念がパラレルに成立します。そのため、異界との境界に流れる天の川は、神話上の解釈としては、あの世とこの世の境目にあるとされる「三途の川」と同じものです。織女と牽牛は死に別れた夫婦でもあり、だからこそ普段は決して会うことができません。

では、なぜ七月七日だけは会えるのかというと、それはお盆の時期だからです。旧暦七夕の一週間後の七月十五日は、一年のちょうど真ん中の満月という大きな節目の日にあたり、この時期だけは異界との通行が可能になると信じられていました。七月七日に、常世の国からはマレビト神、黄泉の国からは先祖の霊がやって来て、そして十五日のお盆を過ぎると、またそれぞれのあの世に帰っていくのです。七月七日は、あの世とこの世が通じる日というわけです。

それで、七夕からお盆にかけては、禊《みそぎ》や墓参りなどの神迎え行事、精霊流しなどの神送り行事が行われます。また、異界から同時にやって来ると期待される天の技巧を身につけようと、乞巧奠《きっこうでん》が開かれるのです。

古くはマレビト神を迎えるため、水ぎわに木を組み合わせて「たな」を作り、村内から選ばれた棚機女《たなばたつめ》がそこで神の衣を織ったといいます。棚機女は神の嫁、つまりは河の神に捧げられた犠牲でした。そして牽牛もまた、元来は犠牲の牛だったのではないかともいわれます。七月七日の神迎

図 2-17　天へ続く道（槍ヶ岳と天の川）

かつて、死者の魂は天の川を経て天へ昇っていくとされました。また、高い山の頂は神々が降臨する場所でした。古代の人々にとって、そこは、天と地の合流点だったのでしょう。
服部完治撮影

えの祭祀において、神に捧げられた少女と牛が、いつしか織女と牽牛の物語へと発展したのかもしれません。

神話伝説に付随して古くから繰り返し行われている習俗は、異界との交流を具現しようとするものです。そこには、人々の異界に対するあこがれや、死んでも再び現世に生まれ変わりたいという強い願いが込められているのです。

コラム

旧約聖書・創世記

毎日毎日、昼と夜が交互にやって来ます。このことは、動物たちだって知っているに違いありません。では、その原因が太陽にあるという点についてはどうでしょう？　犬や猫は、果たしてそれを知っているのでしょうか？

旧約聖書・創世記では「光あれ」という神の言葉から天地創造がはじまります。原初の暗闇のなかで、神はまず最初に光を造り、昼と夜を区別しました。夕となり、また朝となって第一日が終わります。第二日には天、第三日には大地が造られ、第四日になってやっと太陽、月、星が造られます。太陽よりも先に、昼と夜が造られたとされているわけです。このことは、旧約聖書の物語の起源が、非常に古い原始の時代にまで遡ることを暗示しています。

一方、それぞれの一日は「夕」からはじまります。最初の光の前に暗闇があったことから、一日の周期も夜が先と考えたのでしょう。そして、世界のはじまりは、昼と夜の繰り返し（カイロス時間）からスタートしているわけです。

こうしてみると、最初の光とはいわば「時間」であって、神はまず最初に時間を発生させ、そこから宇宙の歴史（クロノス時間）がはじまっていることがわかります。創世記は極めて合理的な宇宙論であるともいえそうです。

星空案内人認定試験模擬問題

以下の文章に重大な間違いを見つけたら（　）に×を入れてください。

問1（　） 世界各地に伝わる創世神話には、「世界は卵から生まれた」とか「巨人の死体から創造された」といった、いくつかの典型的なパターンが見られます。

問2（　） 古代の人々にとって「冬至」とは、太陽の力が最も衰える苦難の日でした。冬至祭は、太陽神に哀悼を捧げるための行事なのです。

問3（　） 古代の人々は、毎月繰り返される月の満ち欠けに「誕生→成長→老化→死滅」という人間の一生の姿を重ね合わせました。月が死んで再び甦るように、人もまた、死んでも再び生まれ変わると信じたのです。

問4（　） シーザーの制定したユリウス暦は、エジプトの優れた暦を参考にして作られた太陽暦です。4年に一度、閏年を入れて1年の長さを366日にするなど、現在のカレンダーの原型となっています。

問5（　） 太陰暦では、暦と季節が毎年約11日ずつずれてくるため、19年間に7回の閏年を設け、閏年は1年を13か月とします。日本で明治5年まで使われていた「旧暦」もまた、この太陰暦です。

問6（　） 占星術で用いる黄道十二宮は、春分点を出発点として獣帯を12等分したものです。七つの惑星は十二宮のどこかに入っていますので、その位置関係などから占いを行うのです。

問7（　） 旧暦は月の満ち欠けをもとにしているため、毎月15日は必ず満月となります。また、7～9月の3か月が秋とされ、そのちょうど真ん中、旧暦8月15日の満月のことを「中秋の名月」と呼んでいます。

問8（　） 月の表面の模様は、各地にさまざまな見方が伝えられています。月は不死再生の象徴でもあったため、再生神話を伴っている例も多く見られます。

問9（　） 七夕は、梅雨時のため、なかなか晴れてくれません。旧暦の7月7日であれば、夏休み中の暑い盛りで、晴天率もぐんとよくなります。

問10（　） 日本では古い時代の七夕伝説がそのままの形で残されていますが、本家の中国ではストーリーが複雑化して、今では羽衣伝説と合体したような悲恋の物語に変貌しています。

第3章
宇宙はどんな世界

3-1 星の誕生

この章では、宇宙にあるさまざまな天体がどのようなものなのか、どのようにしてできたのかといったことを簡単にまとめていきます。星空案内していて、天体に科学的説明を加えるときに役立ててください。また、案内プログラムを作るときにも参考になると思います。

星はガスの集まり

太陽のように自ら光を発する星、恒星(＊)にも一生があります。星の誕生から最期までを見ていきましょう。

はじめに、私たちに一番近い星「太陽」についてまとめます。近いと書きましたが、地球と太陽の間の距離は、約1億5千万キロメートルもあります。秒速約30万キロメートルの光でも8分20秒くらいかかります。こんなに離れていても、私たち生命に十分な光のエネルギーを与えてくれます。いったいどのくらいのエネルギーを太陽は出しているのでしょう？　なんと、

(＊) ここから先、単に星と書きます。

4×10^{26}W（ワット）

です。10^{26}は「10の26乗」を表し、1のあとに0が26個つきます。W（ワット）は1秒当たりのエネルギーを表す単位で、電気製品の1秒当たりの消費エネルギーの単位としておなじみです。全世界の電気エネルギーの消費量は、およそ16兆ワット[*1]ということですので、その25兆倍ということになりますが、ちょっと、想像がつきませんね。太陽が途方もないエネルギーを出していることはわかっていただけたでしょうか。では、いったいこんなエネルギーをどうやって作っているのでしょう。その謎に迫っていきます。

ところで、太陽はどのくらい大きいのでしょうか。直径を地球と比較すると、

太陽の直径＝140万キロメートル

地球の直径＝1万3千キロメートル

ですから、太陽の直径は地球の直径の約100倍です。質量は、

太陽の質量＝2×10^{30}kg

地球の質量＝6×10^{24}kg

で、太陽の質量は地球の質量の約10万倍になります。ここから、太陽の材質について考えることができます。直径が100倍違いますから体積だと100万倍[*2]違います。

(*1)2003年IEAによる。

(*2)体積は、長さを3回かけた量なので、こういう計算になります。

さて、太陽と地球が同じ材質だとしたら、体積が100万倍違うので質量も100万倍違うはずです。しかし、実際には10万倍しか違いません。つまり、太陽と地球では材質が異なるのです。地球は、おもに岩石でできています、つまり固体がおもです。一方、太陽は、気体（ガス）でできているのです。そうです、星はガスの集まりなのです。

星ができるまで

それでは、ガスの集まりである星がどうやって生まれ、そして死んでいくのか見ていきましょう。

実は、宇宙空間に漂う雲から星は生まれます。宇宙は、(＊)平均すると1立方センチメートル当たり水素原子一つという大変希薄なガスで満たされています。よく見ると濃いところ薄いところがあり、濃い部分が雲のように見えます。たとえば、オリオン座の馬頭星雲がそうです。特に濃い部分を分子雲といいますが、そこには1立方センチメートル当たり100個以上の水素分子があります。

星ができるまでを、おおざっぱにまとめると、次のようになります。

①ガスが周りより濃い場所があります。

(＊) 正確には天の川銀河のなか。

図3-1　星の誕生

①ガスが周りより濃い場所があります。

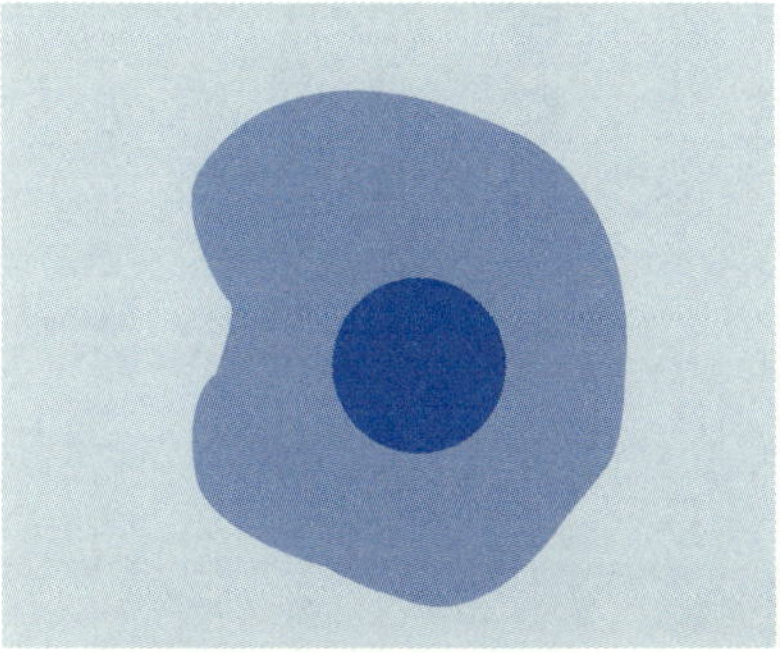

②ガスが濃いところは周りのガスを重力で引き付け、さらに濃くなっていきます。

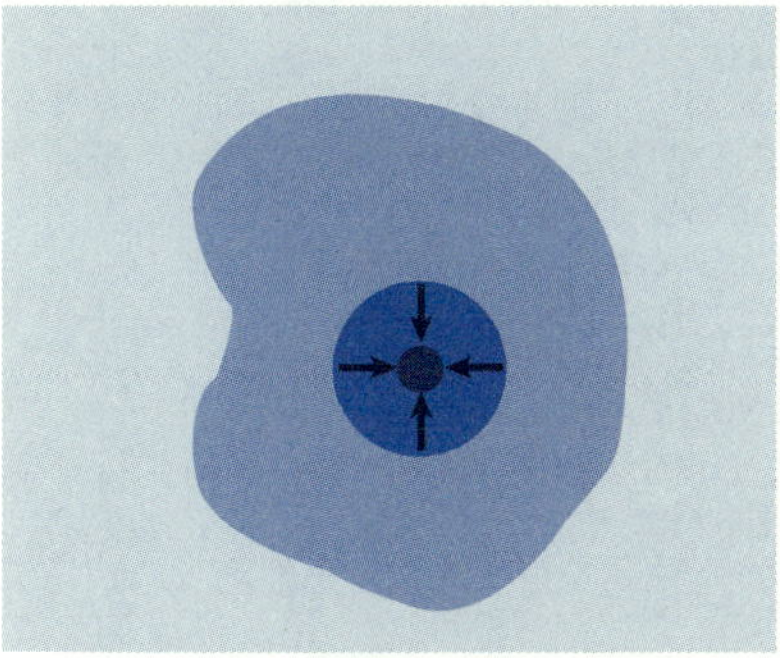

③温度が上昇し核融合反応がはじまり、星が誕生します。

②ガスの濃い部分は重いので、周りのガスを重力で引き付け、ますます濃くなります。

③ガスが重力で収縮し温度が上昇します。ガスの中心で温度が約一千万度に達すると核融合反応がはじまり、星が誕生します。

核融合反応はエネルギーを発生させ、そのエネルギーは最終的に光となって私たちに届くのです（図3-2）。

星雲と星団

星で発生するエネルギーのほとんどは光として外へ出るのですが、星の周囲のガスは星からの光で暖められ、外へと膨張し広がっていきます。これに伴い、分子雲で隠れていた星が見えてきます。星に照らされた周囲のガスは、「散光星雲」と呼ばれます。たとえば、バラ星雲がそうです。

星周囲のガスがなくなると、星がむき出しになります。一つの雲から一つの星が生まれるのでなく、一つの雲からたくさんの星が生まれるので星団ができます。たとえば、プレアデス星団(*)です。このような天体を「散開星団」といいます。

(*)
プレアデス星団については、口絵 P.viを参照。

主系列星

先に述べたように、星のなかでは核融合という反応が起きていて、そこで発生するエネルギーが星の光となっています。

核融合反応は、ある元素からそれより重い元素ができる反応のことです。星の中心部では、まず水素からヘリウムができる核融合が起きます(図3-2)。そして、この反応が起きている段階の星を主系列星といいます。

図3-2　水素からヘリウムが合成される

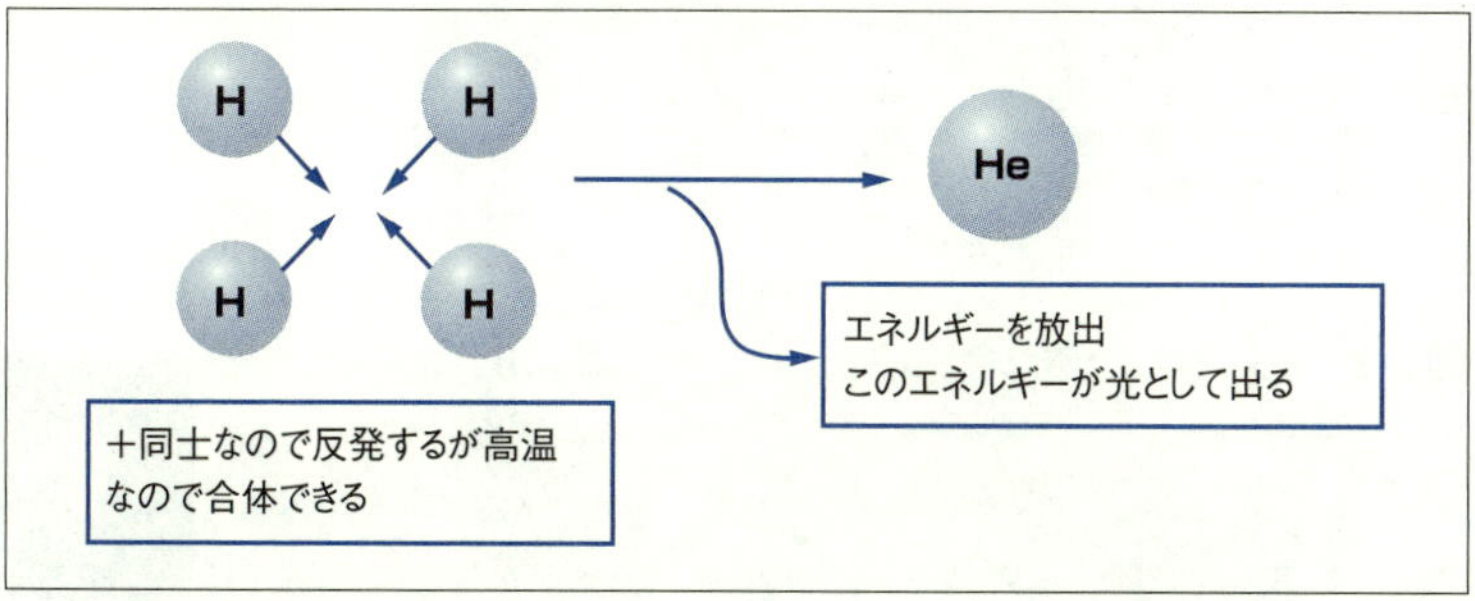

(*) 元素について復習
物質を小さく小さくしていくと分子になります。たとえば、水は水分子(H_2O)が集まったものですし、空気は酸素分子(O_2)、窒素分子(N_2)、二酸化炭素分子(CO_2)などの混ざったものです。さらに分子は原子から構成されています。水素原子(H)、酸素原子(O)などです。このHやOが並んだ表を覚えていますか? H、He、Li、Be…(スイ　ヘー　リー　ベー…)、周期律表です。これら物質を構成する原子の種類のことを元素といいます。

3-2 星のしくみと寿命

星はなぜつぶれないのか

星はどうやって球形を保っているのでしょうか。先に説明したように、星はガスが重力で集まってできたものです。つまり、星の中心に向かってガスがどんどん落ちようとしています。なんとかそれを食い止めないと、つぶれてしまいます。つぶれないように食い止めているのはガスの圧力です。ガスがどんどん集まってきて圧力が大きくなり、つぶれようとする重力と釣り合って、星は球形を保っているのです（図3－3）。

重い星ほど高温になります。それは、重い星ほど大きな重力エネルギーを持っていて、それに応じてガスの持つ熱エネルギーも大きいためです。温度が高いわけですから、出てくる光は青い光になるはずです。また、温度が高いと、たくさんの光が出てきます。つまり、重い星は明るくて青い、そんな関係が出てきそうです。星の色と明

図3-3　星はなぜつぶれないのか

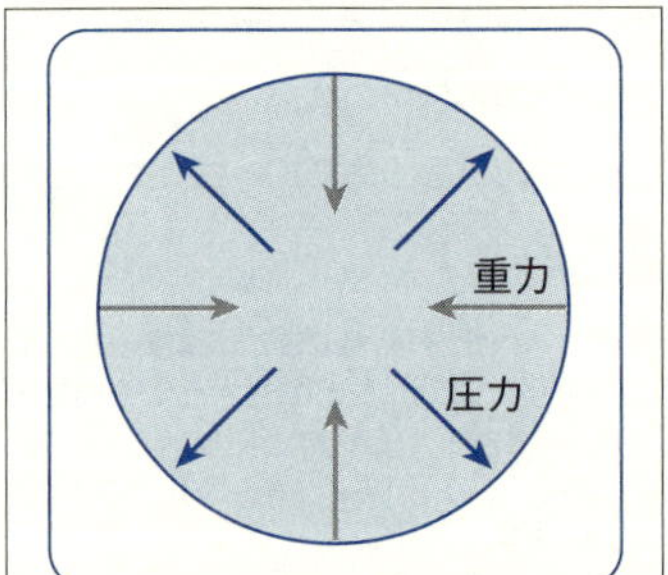

るさの関係を示す図をHR図（ヘルツスプルング・ラッセル図）といいます。図3−4のHR図で予想した関係があるか見てみましょう。図の横軸が星の色で、左のほうが青色（高温）、右のほうが赤色（低温）を表し、縦軸が明るさで、上にいくほど明るいことを表しています。図から明るい星ほど青いことがわかります。

星は質量（どのくらいのガスが集まって星になったか）によって寿命が異なります。

重い星…高温で明るい。寿命が短い

軽い星…低温で暗い。寿命が長い

質量が太陽くらいの星で寿命は一〇〇億年くらいです。太陽の10分の1くらいの星は一兆年と長生きで、反対に太陽の10倍くらいの星は一千万年と短命です。

図3-4　HR図

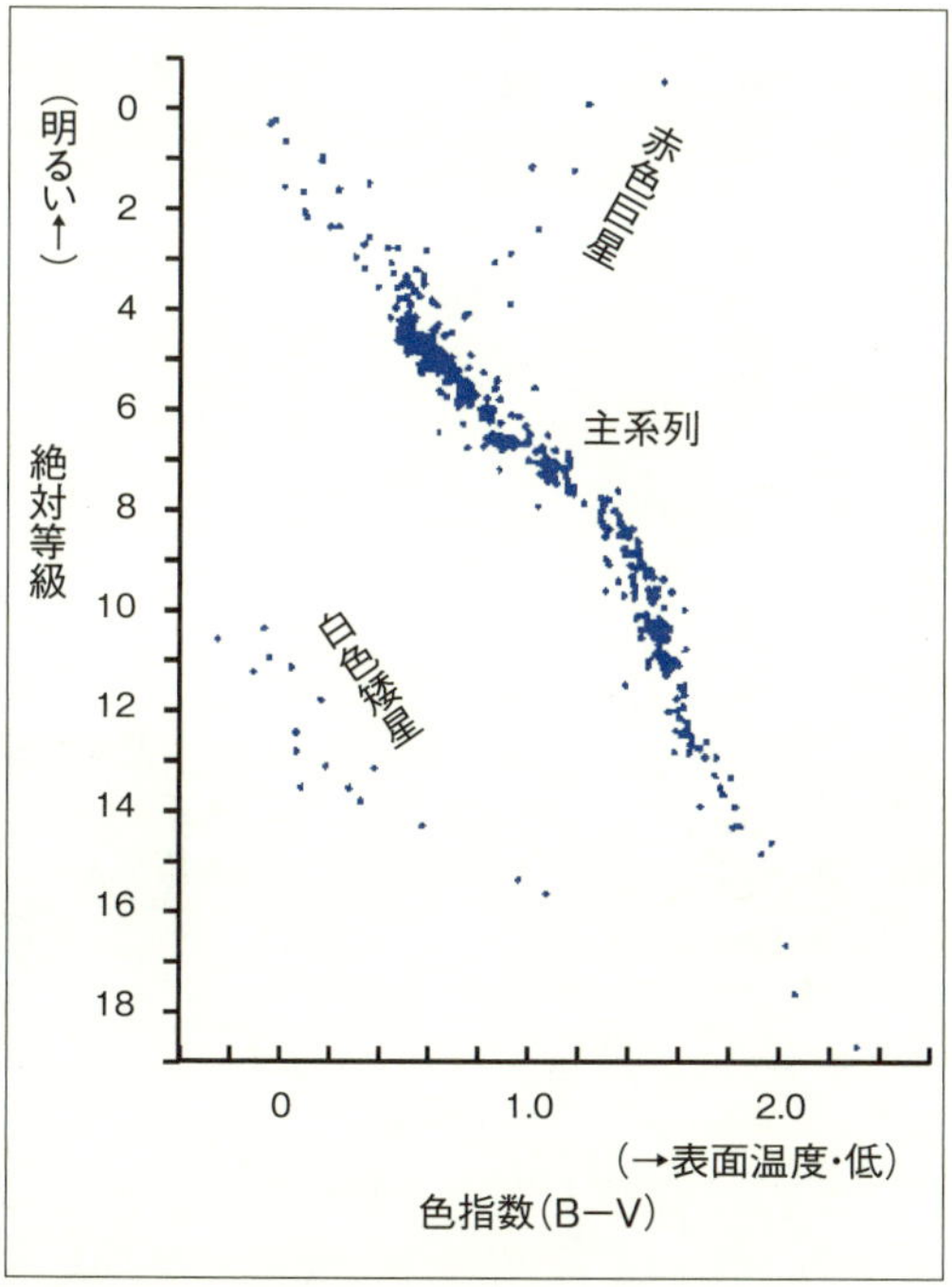

斉尾英行著『星の進化』培風館（1992）より転載

3-3 星の最期

寿命を迎えた星の最期のようすも、質量によって違ってきます。大まかに二つに分けて説明します。

赤色巨星から惑星状星雲、白色矮《わい》星へ

はじめに、質量が比較的小さい星の場合です（太陽の六倍くらいより小さい）。核融合反応によって、水素→ヘリウム→炭素・酸素と元素が作られていきます。中心にヘリウムが溜まり、周りの水素が核融合してエネルギーを出します。このとき、星の外側がふくらみます。この状態の星を「赤色巨星」といいます。たとえば、オリオン座のベテルギウスです。

周りはふくらみ続け、中心には炭素・酸素のかたまりができます。周りのガスはそのまま宇宙空間に流れ出します。このガスが照らされ、「惑星状星雲」が作られます。たとえば、リング星雲（図3-5）やあれい星雲（口絵・vi頁）が有名です。惑星状星雲の中心に見える星は、もとの星の芯の部分で、「白色矮星」と呼ばれます。

超新星爆発

重い星になるほど、核融合が進み、ネオン・マグネシウムといった重い元素が作られていきます。質量が太陽のおよそ十倍を超す重い星ではさらに核融合が進み、最終的に鉄まで作られます。

重い星は最期に、超新星爆発という派手な現象を起こします。星の質量によって爆発の起こり方は違うようです。爆発の名残として、吹きとばされた星のガスが星雲(*)を形成します。

超新星爆発は、銀河系のなかでは三〇年から一〇〇年に一個くらいの割合で起きると考えられています。突然、星が明るくなり数十日で暗くなる派手な現象です。ですから昔の記録にも残っています。有名なのが「かに星雲」です(口絵・vi頁)。これは一〇五四年におうし座方向で起きた超新星爆発の残骸です。藤原定家が

(*) 超新星残骸と呼ばれます。

図3-5　惑星状星雲（リング星雲 M57）

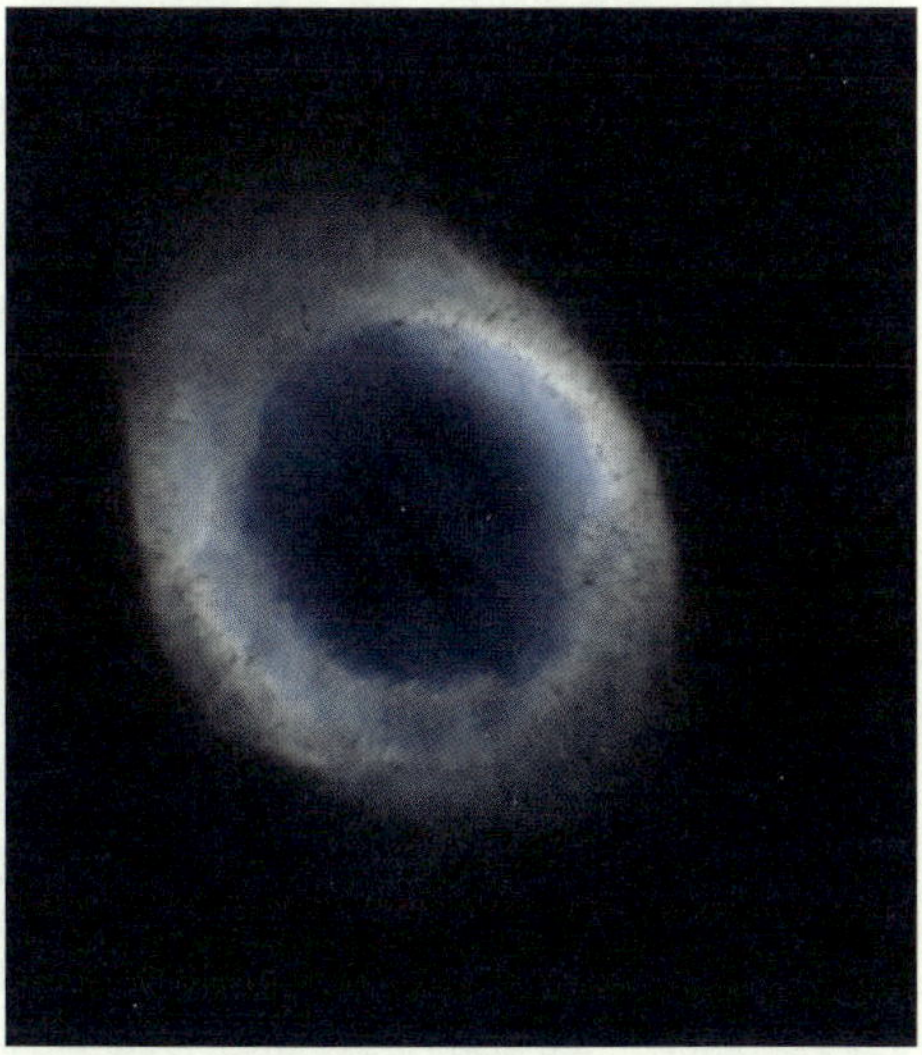

© The Hubble Heritage Team (AURA/STScI/NASA)

『明月記』に記録を残しており「突然明るい星が現れ二十三日間昼間でも見えた」とあります。ほかにも、一五七二年にティコ・ブラーエが観測した超新星、一六五八年ごろ爆発したと思われるカシオペヤAなどがあります。一九八七年には銀河系の隣にある大マゼラン星雲で超新星爆発が起きました（図3‐6）。この爆発に伴って発生したニュートリノは岐阜県神岡にあるニュートリノ検出装置で検出されました。超新星爆発した星の芯の部分は、中性子星やブラックホールになると考えられています。

中性子星とブラックホール

白色矮星、中性子星はとても密度の大きな天体です。ちょっと比較してみます。太陽など普通の星は、直径約100万キロメートルの球に収まっています。密度にすると1立方センチメートル当たり約1・4グラムになります。これに対して、白色矮星

図3-6　超新星爆発　爆発前（右）と爆発後（左）

© 1989-2002, Anglo-Australian Observatory, photograph by David Malin.

では、太陽程度の質量が地球サイズの球（直径約1万3千キロメートル）に収まっています。密度は、1立方センチメートル当たり約1トンにもなります。中性子星では、半径10キロメートルくらいの球（市街地サイズ）に収まっています。密度は、1立方センチメートル当たり数億トンにもなります。想像ができないほどの密度です。

星は、ガスの圧力と重力が釣り合って形を保っているということを前に述べました。白色矮星と中性子星では、太陽の場合とは異なり、縮退圧と呼ばれる別の種類の圧力が働いています。そのため天体として形を保っています。ところがある限界の質量を超えると、重力が強すぎて対抗できる圧力がありません。そのような天体がブラックホールです。

中性子星は、パルサーとして観測されます。パルサーは、秒単位で点滅を繰り返す天体です。中性子星が超高速で自転するために、灯台のようにこれが発する電波やX線が点滅して見えるのです。

強い重力のため、ブラックホールからは光も脱出できないので、直接観測することは難しそうです。しかし、間接的には可能です。ブラックホールの周りのガスは、渦を巻きながら押し合いへし合いして吸い込まれていくので、そのときガスが高温になりX線を放射します。このX線が観測されています。

3-4 銀河について

渦巻銀河と楕円銀河

銀河は星の大集団です。私たちの住む天の川銀河も、星が一千億個くらい集まった大集団です。銀河のなかで、前に述べたような星の一生の出来事が繰り返されています。銀河の形はさまざまなのですが、大別すると渦巻銀河と楕円銀河に分かれます（図3-7）。

天の川も渦巻銀河だと考えられています。太陽系は円盤の外縁部にあるため、私たちが銀河中心方向を見ると、川のように星が見えるというわけです（図3-8）。

銀河が形を保つしくみ

銀河の形はなぜ違うのでしょうか。銀河は、星が重力で集まってできている天体です。重力で集まってくるだけではつぶれてしまい

図3-7　渦巻銀河（M51）と楕円銀河（M87）

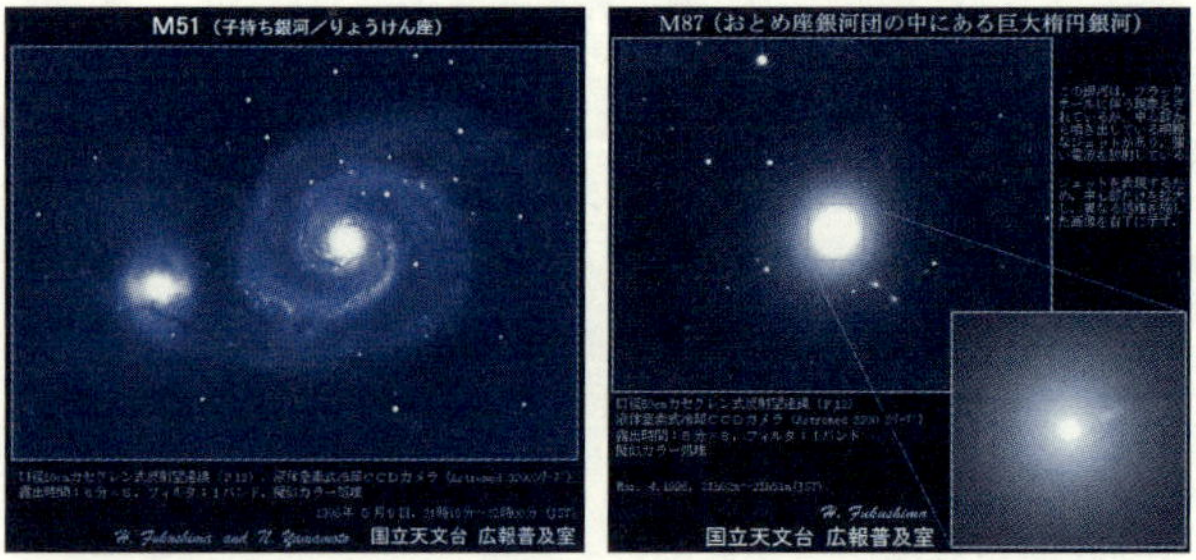

国立天文台提供

ますから、何か対抗する力がないと形を保つことができません。銀河のなかでは、星たちが動き、重力でつぶれないようになっています。ただ、楕円銀河と渦巻銀河では星たちの動き方が異なります。

まず、楕円銀河の場合を説明します。星の集団のなかで、星たちがデタラメに動いていたら、そのうちバラバラになってしまい、集団にはなりません。しかし、星たち

図 3-8　銀河系と天の川

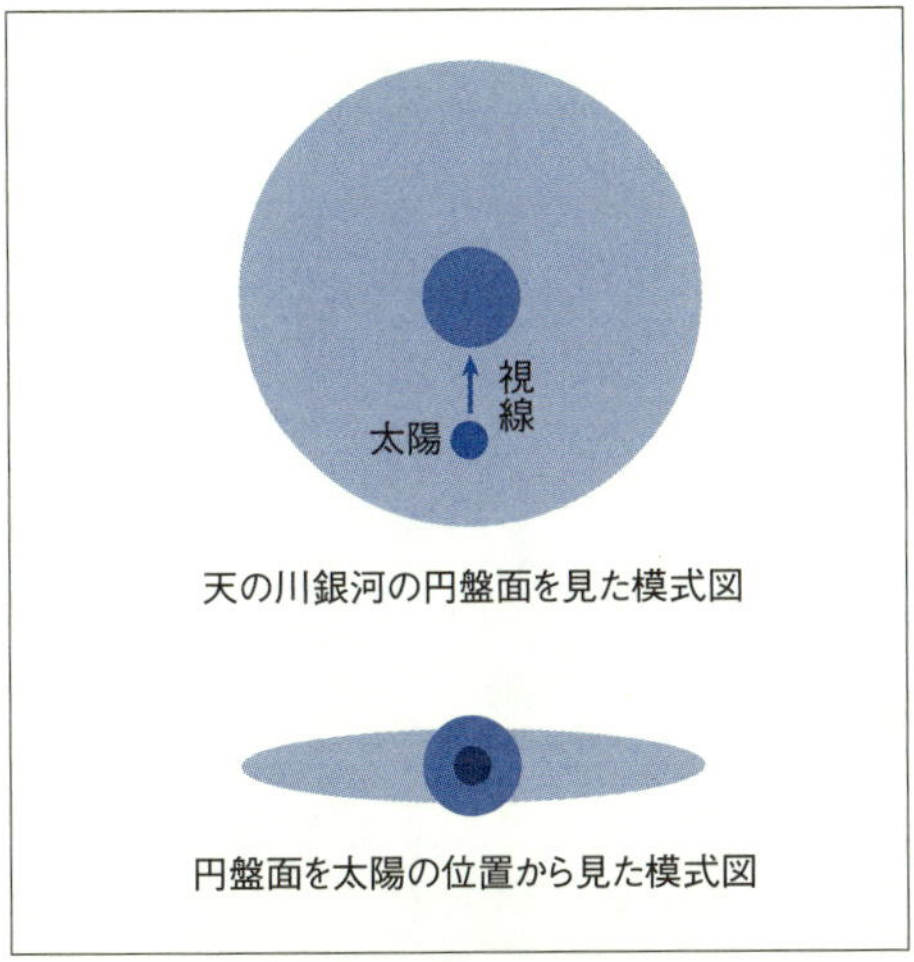

図 3-9　楕円銀河が形を保つしくみ

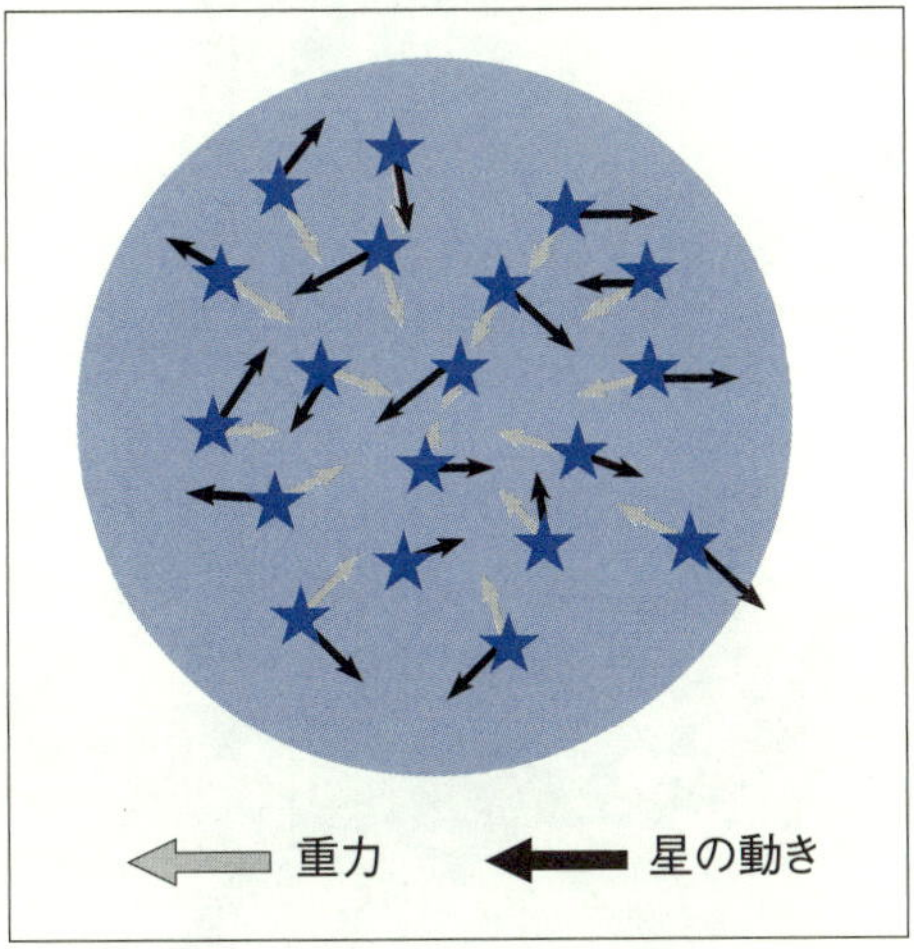

は重力で互いに引き合っているため、バラバラにはならず、ほぼ球形を保つことができます（図3－9）。

次に、渦巻銀河の場合です。渦巻銀河の円盤部では、星が銀河の中心の周りを回転運動しています。回転運動すると外向きの遠心力が生じます。この遠心力と、星々が互いに引き合う重力が釣り合い、円盤形状を保っています（図3－10）。

球状星団

ここで、球状星団という天体を紹介します。銀河の周りには球状星団という天体があります。一つの球状星団は数万から一〇〇万個の星が球状に集まったものです。大きさは数百光年程度です。たとえば、M13（ヘルクレス座球状星団）が有名です（図3－11）。

球状星団は、銀河円盤の周りに球状に分布しています。私たちの銀河系では百数十個の球状星団が見つかっています（図3－12）。

球状星団に属する星の年齢は一〇〇億年以上と古く、球状星団は銀河が形成される

図3-10　渦巻銀河が形を保つしくみ

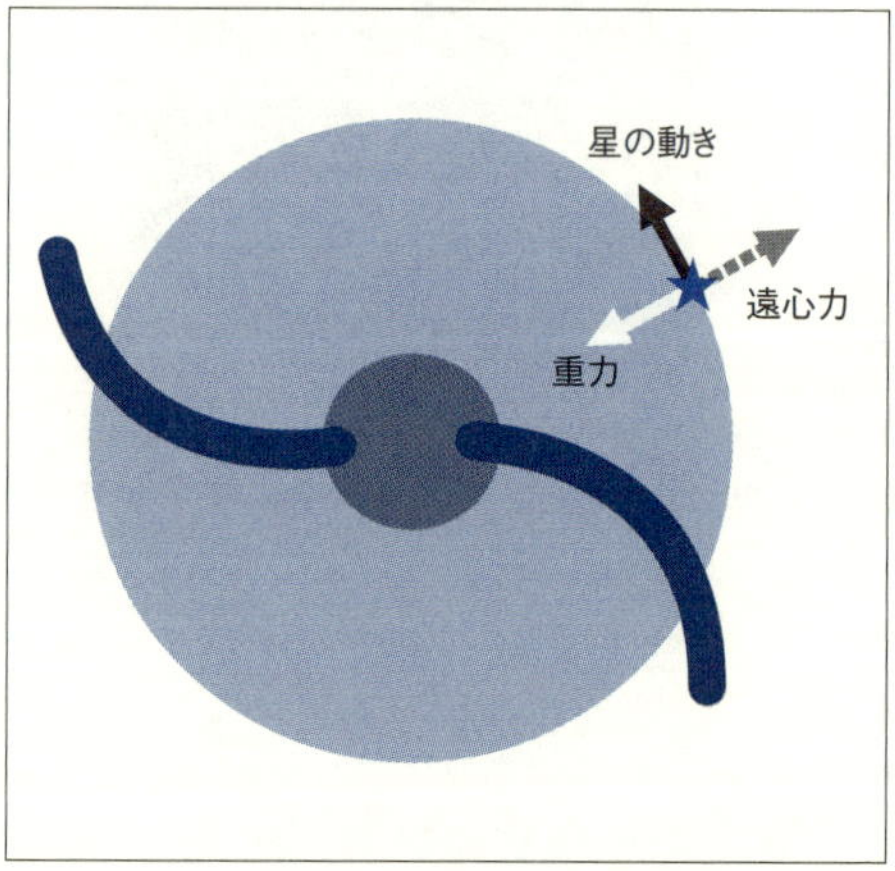

初期段階で形成されたと考えられています。

図3-11　球状星団（M13）

やまがた天文台提供

図3-12　球状星団の分布

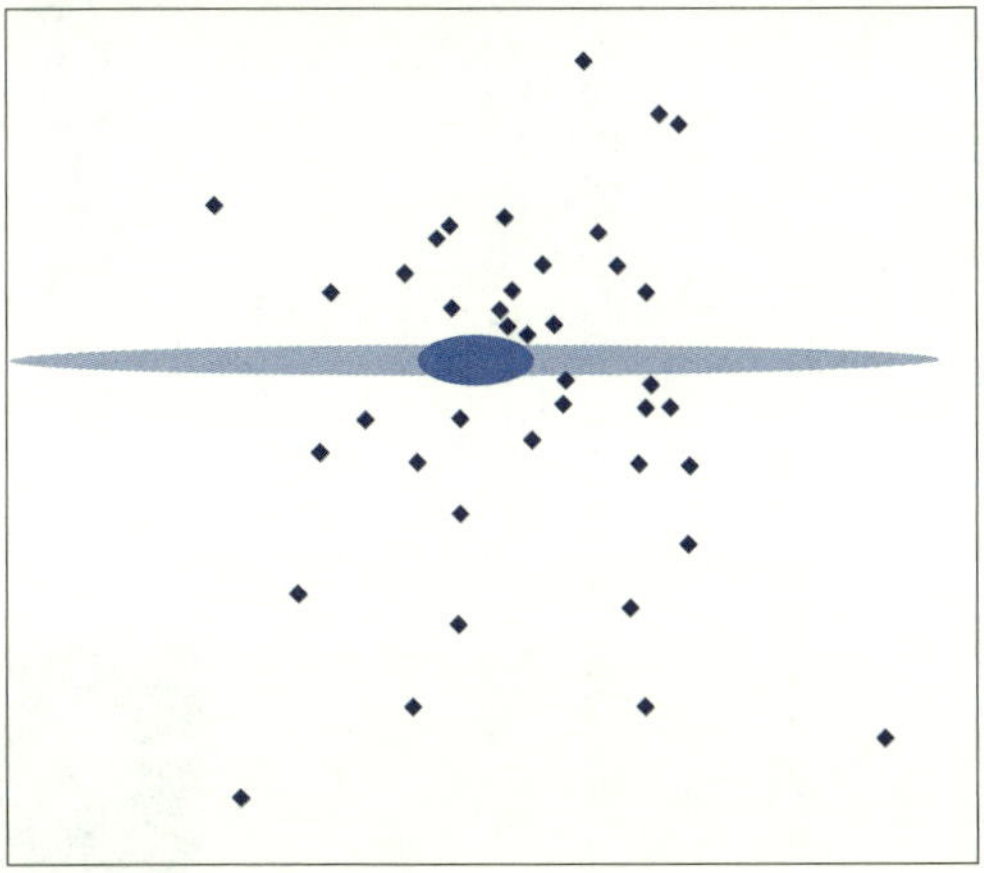

3-5 宇宙膨張と宇宙のはじまり

ハッブルの法則

星にはじめと終わりがあるように、宇宙も時間的に変化しています。天の川の外にある銀河を観測することで、私たちの住む宇宙の性質がわかってきました。最も驚くべき事実は、ほとんどすべての銀河が地球から遠ざかっていることです。それも、「遠い銀河ほど速く遠ざかっている」ことです。遠ざかっていく速さは銀河までの距離に比例していて、このことを「ハッブルの法則」といいます。

ハッブルの法則は、銀河が互いに離れていることを意味しています（図3－13）。離れるスピードは、百万パーセク(*)（約300万光年）離れている銀河は秒速71キロメートルくらいです。どの銀河もお互いに離れていきますから、結果的に遠くにある銀河ほど速く離れているように見えるというわけです。

図3-13　宇宙膨張とハッブルの法則

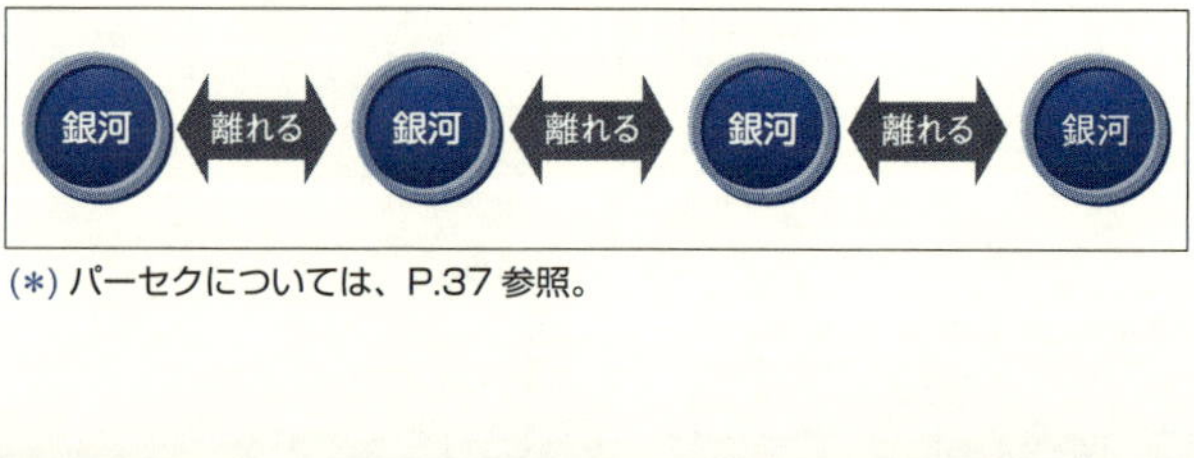

(*) パーセクについては、P.37 参照。

宇宙膨張とビックバン

これを宇宙全体で考えると、宇宙全体がふくれているというイメージ、つまり「宇宙膨張」という考えに至ります。逆にたどると、昔は宇宙が小さかったことになります。

現在のところ、宇宙は「ビッグバン」ではじまったと考えられています。これは、点のように小さな宇宙にエネルギーが注ぎ込まれ膨張しはじめたという考え方です。観測される多くのことをうまく説明できるため、正しいと考えられています。現在の宇宙膨張の割合から逆算すると、ビッグバンは約一三七億年前に起こったことになります。遠くの銀河からの光は時間をかけて届きます。ですから、遠くの銀河を観測することは過去の宇宙のようすを知ることになります。つまり、「遠くを見ることは過去を見ること」なのです。

遠くの銀河からの光はとても弱く、観測するのが大変です。天文学者は、より条件のよい観測場所を探して、そこへ大きな望遠鏡を作り、遠くの銀河からの光を探そうとしています。ハッブル望遠鏡は宇宙空間におかれた望遠鏡です。日本でもハワイに「すばる」という望遠鏡を設置して観測をしています。

さて、どんどん遠くを見ていくとどうなるのでしょうか。つまり宇宙の果てについてです。実は、私たちに見える宇宙には限界があります。宇宙には約一三七億年という年齢がありますから、一三七億年かけて光が届く距離より先のものを知ることはできません。これを「宇宙の地平線」といいます。

銀河の距離の測り方

ところで、銀河の距離や動く速さはどうやって測るのでしょう?

同じ明るさのものが近くと遠くにあると遠くのものは暗く見えます。天文学では距離を測る一つの方法として、明るさのわかっている天体を用いてその見かけの明るさから距離を逆算する方法を用いています。

救急車のサイレン音は近づいてくるときに高くなり、離れていくときに低くなります。同じようなことが天体からくる光についても起こります。光の色は近づくときに青くなり(振動数が高くなり)、離れるときに赤く(振動数が低く)なります。これを「ドップラーシフト」といいます。天文学ではこのドップラーシフトを利用して、天体が近づいているのか離れているのかを判断します。たとえば、ドップラーシフトによって光の振動数が10%減少していたら、その光を発している天体は、光速の10%の速さ(秒速3万キロメートル)で遠ざかっています。

3-6 天体の形成

星や銀河ができるまで

宇宙は、約一三七億年前に起きたビッグバンで誕生したと考えられています。ビッグバン直後の宇宙は高温・高密度でしたが、宇宙が膨張するにつれて冷えていき、宇宙誕生後約四〇万年後には、宇宙の温度は三千度くらいになりました。ほとんど一様な濃さの宇宙ですが、わずかながら密度に濃淡がありました。濃いところは重力が強く、周りの物質を引き寄せ、さらに濃くなります。このように物質の濃い部分がどんどん濃くなり、星や銀河などの天体になっていきました（図3-14）。

星が元素を作り出した

現在の宇宙にはさまざまな元素があります。惑星を作る岩石にはケイ素がたくさん含まれています。私たちの体を作る元素は、水素もたくさんありますが、炭素や酸素、窒素などもたくさん含まれています。鉄も豊富にあって、私たちはさまざまなものを鉄で作ります。これらの元素はどこでできたのでしょうか？　それには、星が重要な役目を果たしていることがわかっています。

誕生後約四〇万年後の宇宙にあった元素は、ほとんどが水素です。最初にできた星は水素やわずかのヘリウムを成分とする星でした。銀河のもとになる物質のかたまりができ、そのなかで星が誕生すると、星内部の核融合により炭素や酸素などさまざまな元素が作られ、星の死とともに宇宙空間にばらまかれます。そしてそこからまた星

図3-14　天体の形成

宇宙初期：物質分布の密度にわずかな濃淡がありました。

物質分布が濃いところは重力が強くなり、周りの物質を引き付け、さらに濃くなります。

物質の密度が大きいところで、星や銀河といった天体が生まれました。

国立天文台4次元デジタル宇宙プロジェクト提供

が生まれます。これを繰り返しているうちに、宇宙にさまざまな元素が広がっていきました。

そんななかで私たちの太陽が生まれ、惑星もできました。惑星はさまざまな物質でいっぱいです。これらの元素は、星のなかで作られたものです。地上のどこを探しても自然界であらたに元素を作り出しているところはありません。私たち生命も、かつて星で作られた元素をもとに誕生しました。そう、私たちの体を作っているすべてが星の賜物なのです。

3-7 太陽系

太陽系の天体

星ができるときに惑星も作られます。そのような一つが私たちの住む太陽系です。太陽に近い側から太陽系に属する天体(*)を紹介していきます。

まず、内側から、水星・金星・地球・火星があります。これらは、地球と同じように岩石からなる惑星です。太陽と地球の間の距離を1AU（天文単位）といいますが、火星は太陽から約1・5AUに位置します。

小惑星帯をはさんで、木星・土星・天王星・海王星があります。これらの惑星の特徴は、多くのガスに覆われていること（密度が岩石惑星より低いことに表れています）や、リング（環）を持つことです。一番遠い惑星の天王星・海王星は20AU～30AUに位置します。

その外側に、（かつては惑星に数えられていた）冥王星をはじめとした多くの小天体が広く分布しています。外側100AUくらいまで、太陽系外縁天体（エッジワー

(*) 太陽系の天体については、P.34 表1－3参照。

ス・カイパーベルト天体）と呼ばれる小天体が広がっています。さらに、その外側にも、オールトの雲と呼ばれる小天体が球状に分布していると考えられています。その広がりは、10万ＡＵにもなります（図３－15）。

月

最後に月についてまとめます。地球の衛星である月は、約一か月で地球の周りを回っています。直径は地球の約４分の１で約３５００キロメートル、地球と月の距離は約38万キロメートルです。

月と地球の関係にはいろいろ面白いことがあるのですが、ここでは、月の模様についてまとめます。月の模様は(＊)、地域によっていろいろなものにたとえられています。餅つきウサギや、はさみが一つの蟹、女性の顔などがあります。

月の模様は、月の進化に関係しています。地球をはじめ、惑星は、微惑星という岩のかたま

(＊) 月の模様については、P.74 参照。

図3-15　太陽系の広がり

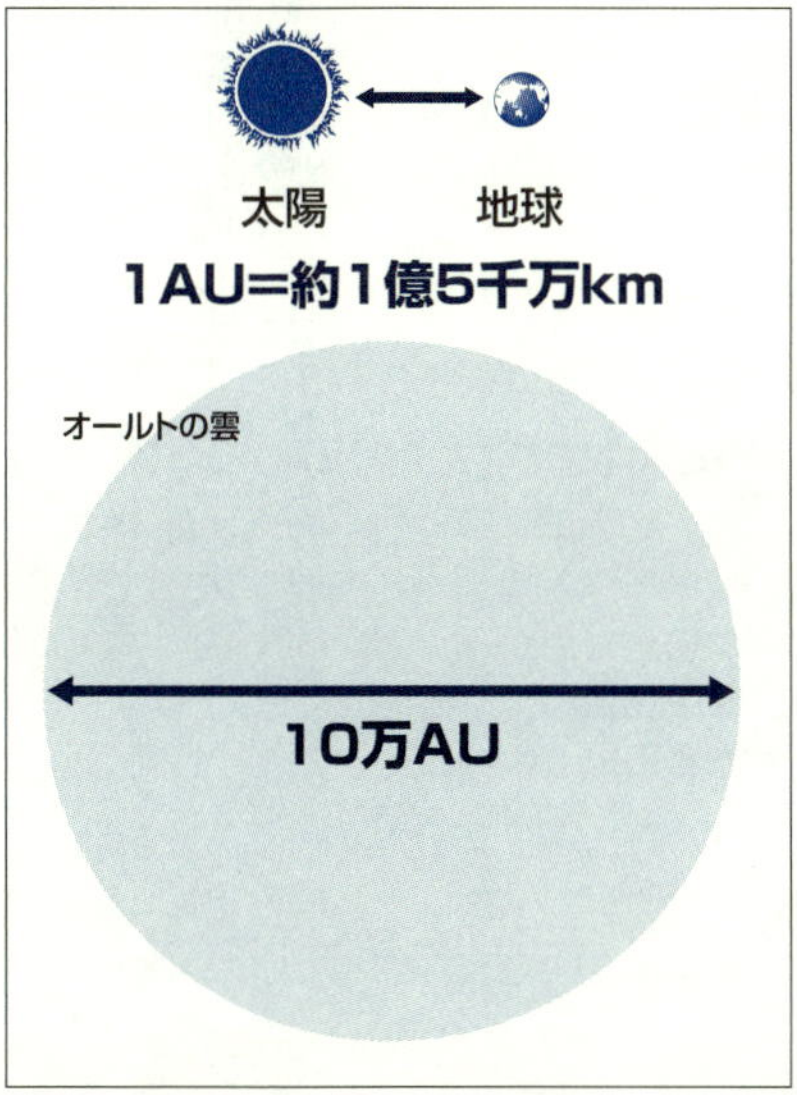

りが合体を繰り返し成長して形成されました（図3－16）。最後にはもう一息で惑星になるくらいまで大きく成長した惑星の卵が、太陽の周りを回っている段階に達しました。地球の卵にもう一つの惑星の卵が衝突し合体し、地球が完成します。この大衝突の際に、たくさんの破片が宇宙空間に飛び散りました。この破片ができたての地球の周りを回りながら合体成長し、ついに月になったと考えられています。この説を「ジャイアントインパクト説」といいます。

できたての月はドロドロに溶けたマグマに覆われていました（四十五億年前）。時間とともに冷えてきて、表面の白っぽい岩石が固まりました。

図3-16　惑星の誕生

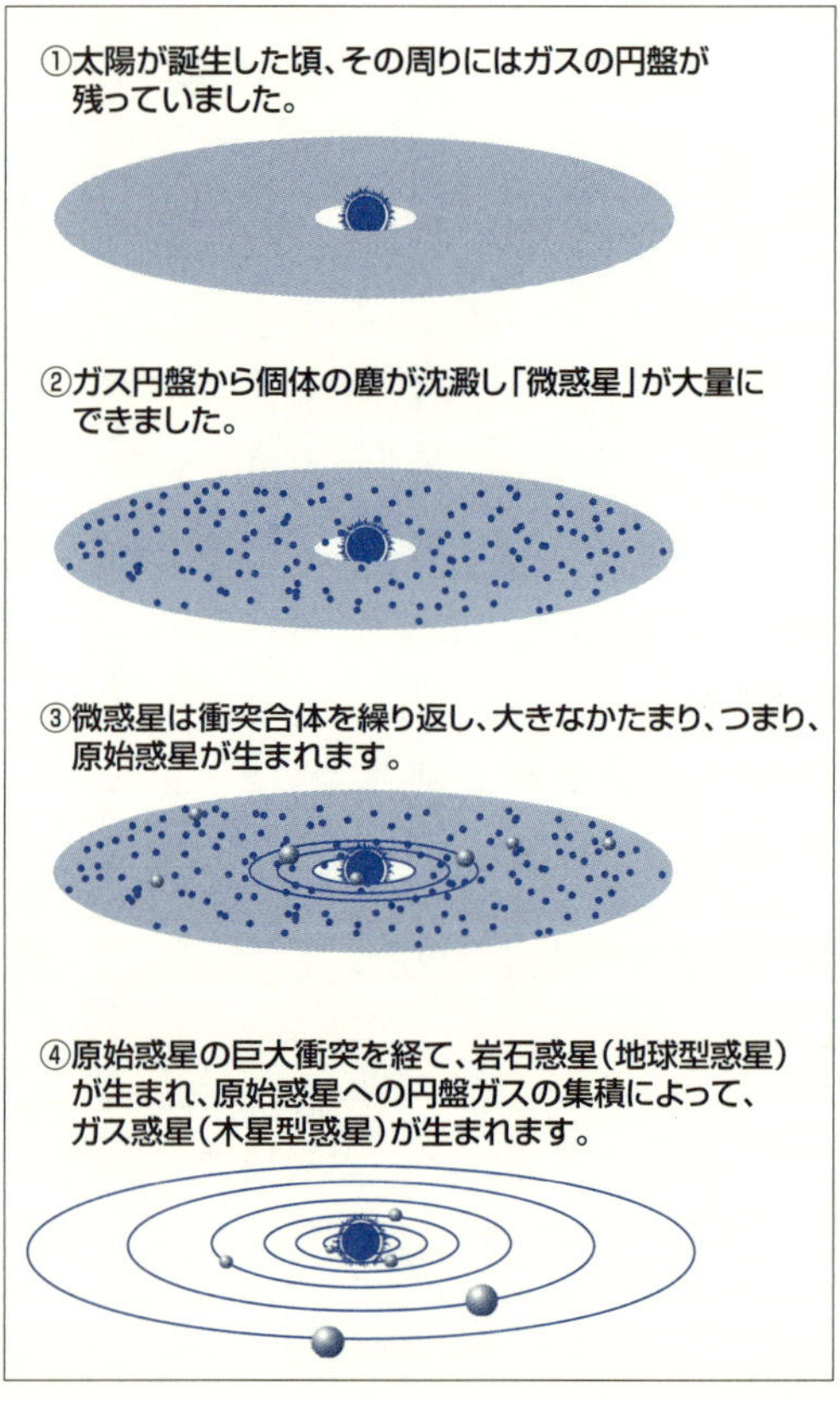
①太陽が誕生した頃、その周りにはガスの円盤が残っていました。
②ガス円盤から個体の塵が沈澱し「微惑星」が大量にできました。
③微惑星は衝突合体を繰り返し、大きなかたまり、つまり、原始惑星が生まれます。
④原始惑星の巨大衝突を経て、岩石惑星（地球型惑星）が生まれ、原始惑星への円盤ガスの集積によって、ガス惑星（木星型惑星）が生まれます。

これが月の陸の部分です。破片が降り注いだため、表面にはたくさんのクレーターができました。いったんは、破片の衝突がやみましたが、四十億年ほど前に巨大いん石が衝突しました。このとき、内部のマグマが表面に流れ出てクレーターを埋めました。これが月の海といわれる黒っぽい部分です。

星空案内人認定試験模擬問題

以下の問いに答えてください。

問1　以下の「星」に関する記述のうち、誤っているのはどれか？

a. 星が輝くエネルギーの源は、星内部で起きている核融合反応である。
b. 星の明るさはみな同じで、見かけの明るさが違うのは星までの距離が異なるからである。
c. 星が一定の大きさを保っているのは、ガスが重力でつぶれようとしているのをガスの圧力で支えているためである。
d. ガスがたくさん集まった重い星ほど高温になる。このため、重い星からの光は青くまた明るくなる。

問2　以下の「星の最期《さいご》」に関する記述のうち、誤っているのはどれか？

a. 重い星ほどたくさんのガスがあるので寿命が長い。
b. 赤色巨星は、星中心部において水素からヘリウムを作る核融合反応が終わった段階である。
c. 惑星状星雲は，比較的軽い星の最期の段階で、星から流れ出たガスが中心の白色矮星から照らされている状態である。
d. 重い星は超新星爆発でその最期を迎える。

問3　以下の「銀河」に関する記述のうち、誤っているのはどれか？

a. 銀河は、星が重力で集まっている大集団であり、形で大別すると渦巻型と楕円型に分かれる。
b. 渦巻銀河の円盤構造を支えるのは、銀河中心の周りの回転運動である。
c. 天の川は、楕円銀河の１つと考えられている。
d. 太陽系は、天の川銀河の比較的外側に位置する。

問4　以下の「天体の形成」に関する記述のうち、誤っているのはどれか？

a. ビッグバン直後の宇宙では原子もバラバラだったが、やがて温度が下がり、約40万年後にはほとんど水素ガスの宇宙になった。
b. 誕生後約40万年の宇宙では、物質密度はほとんど一様だったが、わずかに濃淡があり、これが重力で成長し、星や銀河などの天体になった。
c. 太陽は、宇宙誕生後、最初の頃にできた星である。
d. 惑星は、星を形成するガス中にある固体成分がもととなってできた。

第4章 望遠鏡のしくみ

4-1 望遠鏡の誕生と、ガリレオ・ガリレイ

最も古い望遠鏡

望遠鏡に関する最も古い記録として残っているのは、一六〇八年一〇月二日、オランダのめがね職人ハンス・リッペルヘイ（Hans Lipperhey）が望遠鏡の特許を申請したという記録です。その望遠鏡は、凸レンズを前にし、目の前に凹レンズを持ってきて適当に動かすと拡大された景色が見える、というものでした。

望遠鏡発明のニュースは瞬く間に全ヨーロッパに伝わり、次の年の一六〇九年にはパリやその他の街で倍率3～4倍の望遠鏡が売られるほど普及していました。

ガリレオと望遠鏡

その頃、すでに発明の話を聞きつけていたイタリアのガリレオ・ガリレイ（一五六四―一六四二）は、望遠鏡に必要な光学をより理解していたので、倍率が約15倍の望遠鏡を自作しました（一六〇九年）。

そしてガリレオは、望遠鏡を天に向けます。星や天体が好きなみなさんなら、望遠鏡を天に向けるのはごく自然なことかもしれませんが、当時キリスト教によって神がいると信じられていた天に望遠鏡を向けることは、普通の人にとってはおそれ多いことだったでしょう。しかし、ガリレオの探求心は、月面の観測、太陽黒点の観測、金星の満ち欠けの観測、木星の四衛星（ガリレオ衛星）の発見などをもたらしました。これらは、コペルニクスの地動説を推進させるとともに、自らの立場を危うくする悲劇へとつながっていきます。

図 4-1　ガリレオ・ガリレイ

4-2 望遠鏡の原理

凸レンズと凹面鏡の集光作用

望遠鏡の原理として最も重要なことは、遠くの天体が発する「光を集める」ということです。光を集める性質を持つものには、二種類あります。それは凸レンズと凹面鏡です。凸レンズは真ん中がふくらんだレンズで、代表的なものといえば、虫めがねですね。虫めがねを使うと、太陽の光を一点に集めて紙を燃やすことができます。また、真ん中がへこんでいる鏡、すなわち凹面鏡は、太陽の光を集めてオリンピックの聖火を採取するのに昔から用いられています。実は、凸レンズ、凹面鏡、どちらを使っても、望遠鏡を作ることができます。では凸レンズと凹面鏡について、実験を通して理解を深めましょう。

凹面鏡で物体はどう見えるか

はじめに、凹面鏡を使って実験を行いましょう。図4-2のように凹面鏡の中央付近から中へ物体を近づけていくと、何が見えてくるでしょうか？　物体の像が浮き上がって見えますね。この像を「実像」といいます。物体の光が凹面鏡で反射して、図4－3のように一点に集まってできた像です。

凸レンズではどうか

さて次に、大きな（直径30センチメートルほどの）凸レンズを使うと、物体がどのように見えるか実験してみましょう。

図4－4を見てください。レンズを隔てて本物の人形と反対の側に、さかさまになった人形があたかもそこにあるかのように、飛び出して見えました。

図4-2　凹面鏡を使って鉛筆の実像を見る

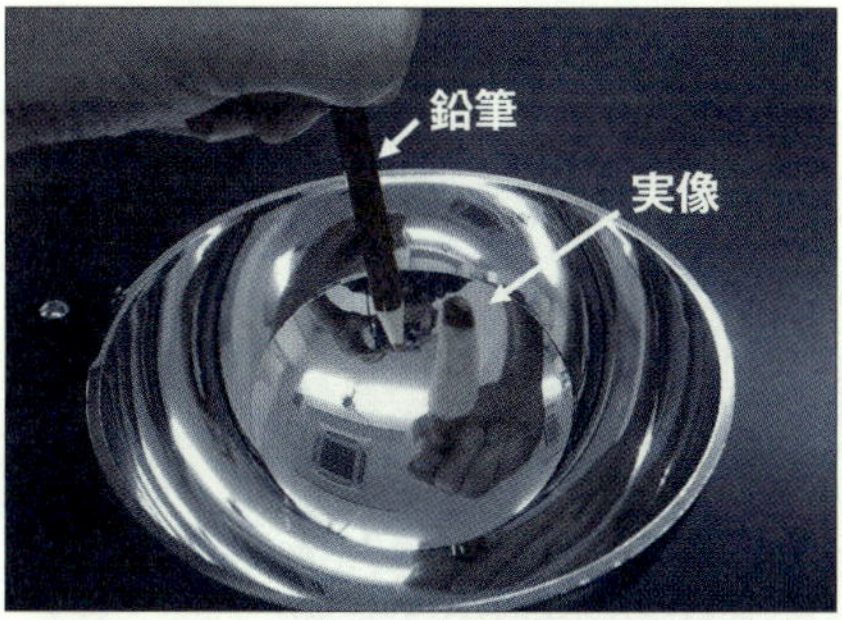

図4-3　どのように像が結ばれるか

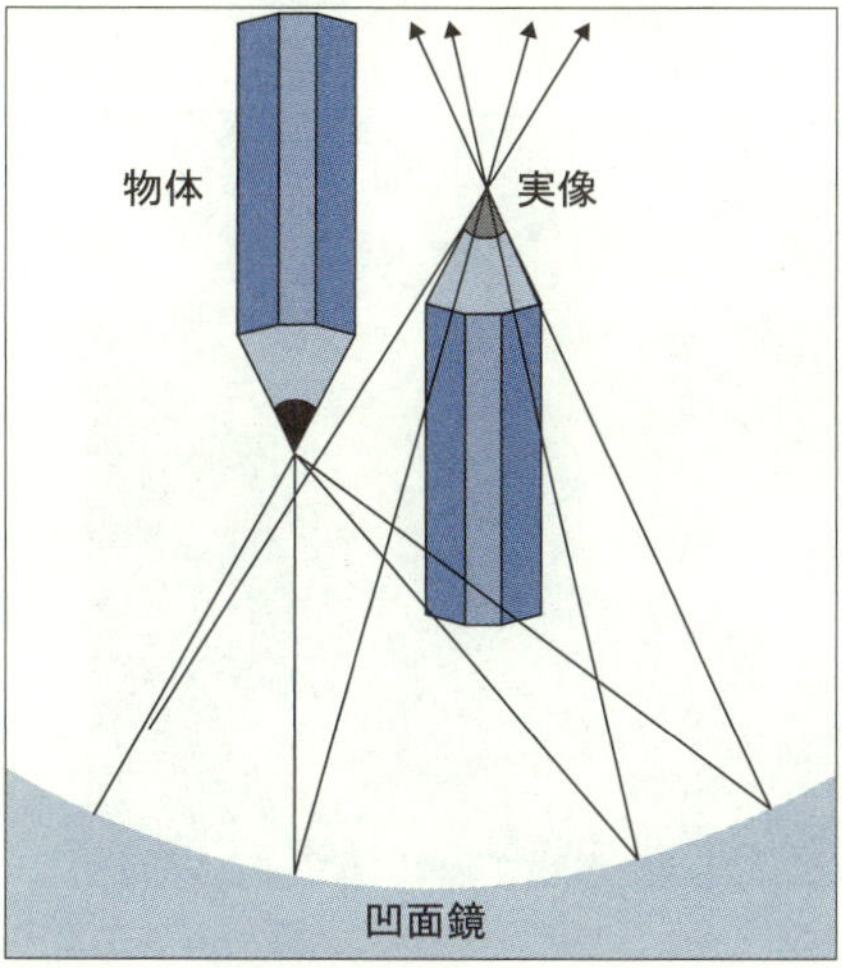

これも実像(*)です。

これら凹面鏡や凸レンズを天体の方向に向けると、その天体の実像が手元に現れます。はるか遠くにある天体が手元に忽然《こつぜん》と現れるのです。ですから私たちは、手元に現れた実像をじっくり観察することができます。実に簡単ですが、これが天体望遠鏡の原理です。

図4-4　凸レンズによる実像はさかさまになっている

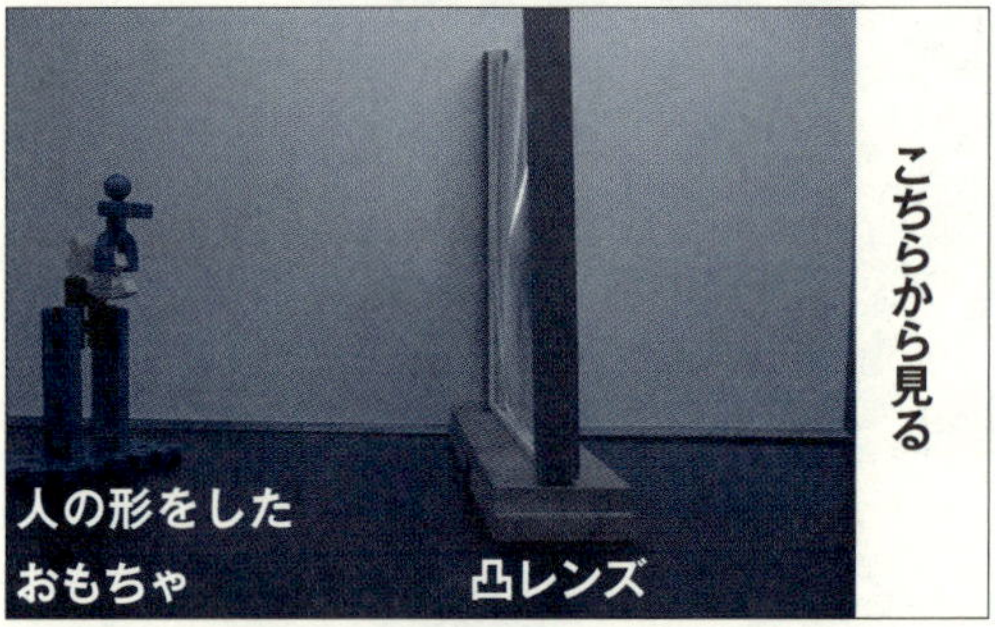

(*) 倒立実像といいます。

焦点と焦点距離

まとめましょう。凹面鏡や凸レンズを天体に向け天体の実像を手元に作るようにしたもの、これが天体望遠鏡です。天体の実像を作るはたらきを持つ凹面鏡を「主鏡」

といい、凸レンズを「対物レンズ」といいます。

そして、はるか遠くにある天体の実像を手元に作ったとき、実像ができる位置を「焦点(*)」といいます。凹面鏡や凸レンズから焦点までの距離を「焦点距離」といいます（図4-5）。

焦点の位置にフィルムやデジタルカメラで使われているCCDなどの光検出器を置くと、写真を撮影することができます。この原理は一般のカメラにも共通する原理です。肉眼で観察するときは、虫めがね、つまり、凸レンズを用いて実像を拡大して観察します。実像を見るための凸レンズを「接眼レンズ（アイピース）」といいます。

望遠鏡には、実像をより鮮明に観察するためのさまざまな工夫が施されていますが、望遠鏡の原理として最も基本になることは、「対物レンズや主鏡で実像を作り出す」、つまり、「天体を手元に持ってくる」ことです。対物レンズや主鏡が一枚あれば、それで望遠鏡ができてしまうのです。

図4-5　凸レンズの焦点と焦点距離

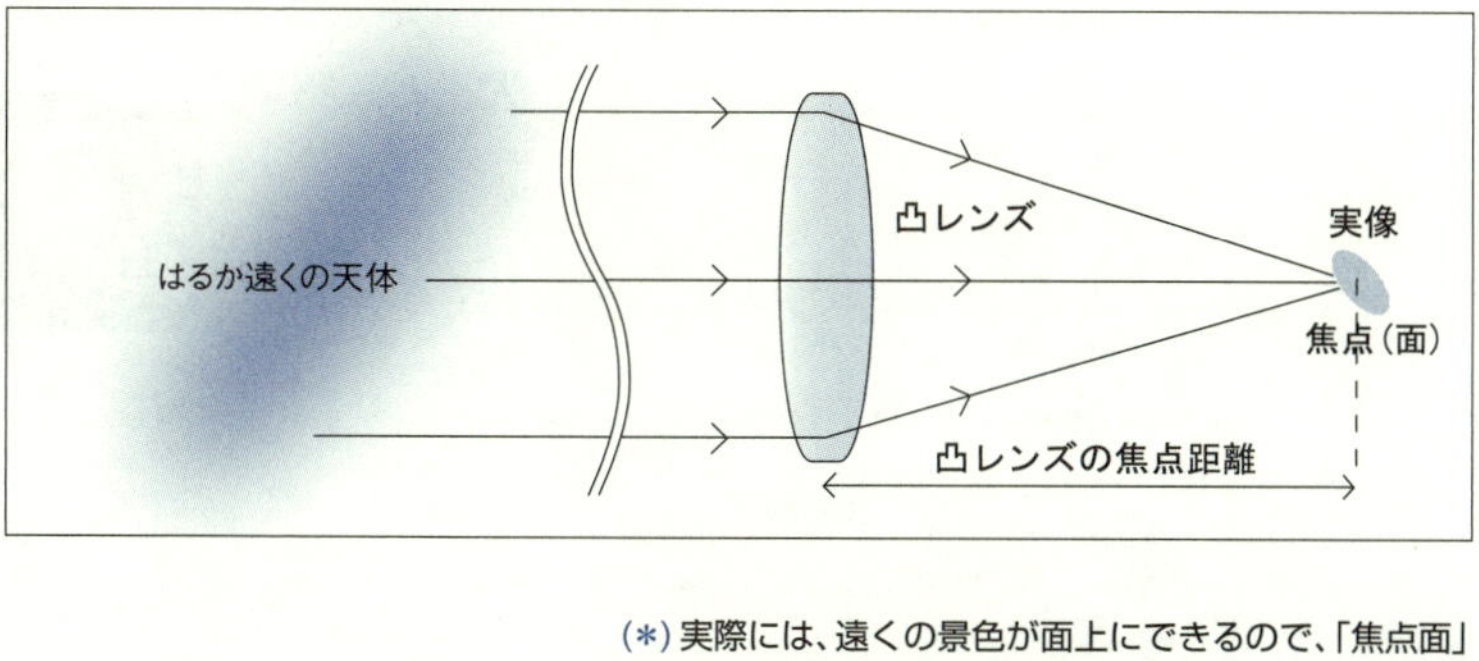

(*) 実際には、遠くの景色が面上にできるので、「焦点面」といういい方をすることもあります。また、近くにある物体の実像は焦点より離れたところにできます。

4-3 望遠鏡の種類

望遠鏡の形式は多種多様です。そのなかでも代表的なものをいくつかご紹介します。どの望遠鏡も、手元に実像を作り出して、それを観察するという点では全く同じです。ただ、実像を作り出す方法によって「屈折望遠鏡」と「反射望遠鏡」とに大きく二分されます。以下では、それぞれの特徴をまとめています。

屈折望遠鏡

凸レンズ（対物レンズ）によって実像を作る方式の望遠鏡を「屈折望遠鏡」といいます。図4-6のように、できた実像を凸レンズによって観察するようにした望遠鏡は「ケプラー式望遠鏡」といいます。もちろん、あの有名なケプラー（一五七一―一六三〇）が考案した望遠鏡であり、現在の屈折望遠鏡のほとんどがケプラー式です。この望遠鏡で天体を観測すると、実際の天体とは上下左右が逆に

図4-6　ケプラー式望遠鏡

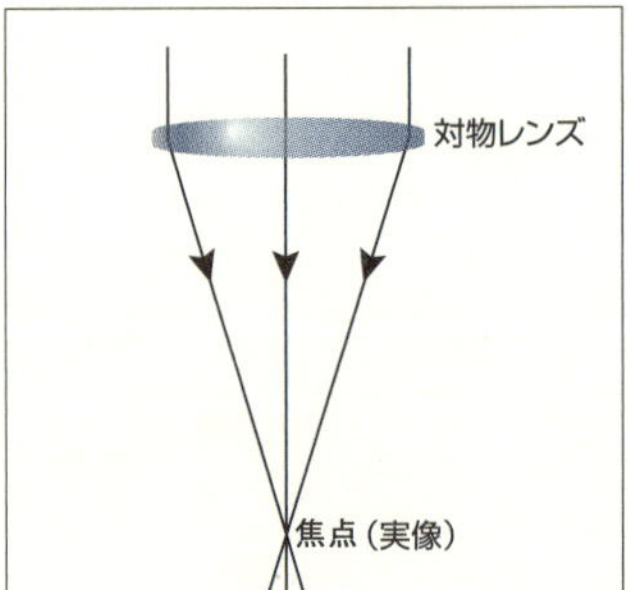

なった天体の像（倒立実像）が見えます。

屈折望遠鏡の長所

・定期的なメンテナンスを要する部分が少なく、はじめての人でも扱いやすい

・視界（望遠鏡で見える範囲）全体にわたって見える像が歪みなく安定していて、惑星面の模様なども見やすい

屈折望遠鏡の短所

・同口径の反射望遠鏡に比べて大きく重い

・口径や鏡筒が大きくなると極端に値段が高くなる

・像に虹色のニジミ（色収差）ができる

屈折望遠鏡は一般に鏡筒が長いため、天頂付近の空を見るとき、苦しい体勢になり、接眼レンズをのぞきにくくなります。その際には、接眼レンズに天頂プリズムという補助的な鏡を取り付けて、光の経路を曲げ、横からのぞけるようにします。

収差

望遠鏡の短所に挙げられる収差というのは、「光がレンズを通過（レンズで屈折）したあと、あるいは鏡で反射したあと、きれいに一点で像を結ばない」という現象を

指します。収差にはさまざまな種類があってとても厄介ですが、望遠鏡の凸レンズはこれらの収差を極力少なくするように設計されています。

そのなかでも色収差とは、虹のように色が分かれて見えることをいいます。光の波長によって屈折率が異なるため、光の波長によって異なった位置に焦点を結ぶことにより生じます。この色収差を解決するため、凸レンズや凹レンズを二枚もしくは三枚組み合わせて、全体として一枚の凸レンズとし、異なった波長の光が一つの焦点になるべく集まるように設計した色消しレンズがあります。アクロマートレンズやアポクロマートレンズと呼ばれるのは色消しレンズです。

反射望遠鏡

主鏡として凹面鏡を使った望遠鏡を一般に「反射望遠鏡」といいます。主鏡が作った実像の取り出し方や収差の補正方法の違いなどによって、図4-7のようにさまざまな種類が作られています。

主鏡が作った実像を観察しやすいように取り出すときに用いる補助的な鏡を副鏡といいます。例としてはニュートン式の斜めにおかれた平面鏡（斜鏡）があります。現在でもアマチュア向けにニュートン式は活躍しています。また、すばる望遠鏡などの最先端の巨大望遠鏡は反射式が主流です。巨大なレンズを作ることはできませんが、巨大な鏡を作ることは可能だからです。

主鏡は、昔は銅などの金属鏡や、ガラスに銀メッキを施したものがありましたが、現在の主鏡はアルミメッキが主流です。さらにその上にコーティング処理が施された主鏡もあり、再メッキの必要が少なくなりました。また、図4-7のカセグレン式やシュミットカセグレン式のような、副鏡に凸面鏡を用いるタイプのものもあります。シュミットカセグレン式では、実像をきれいに結ばせるために鏡筒の先端部に補正板を入れています。さらに、補正板を用いると、筒内気流が乱れにくいことや構造の簡単な鏡を用いることができるなどのメリットもあり、このタイプの安価で入手しやすい望遠鏡が普及しています。

図4-7　反射望遠鏡

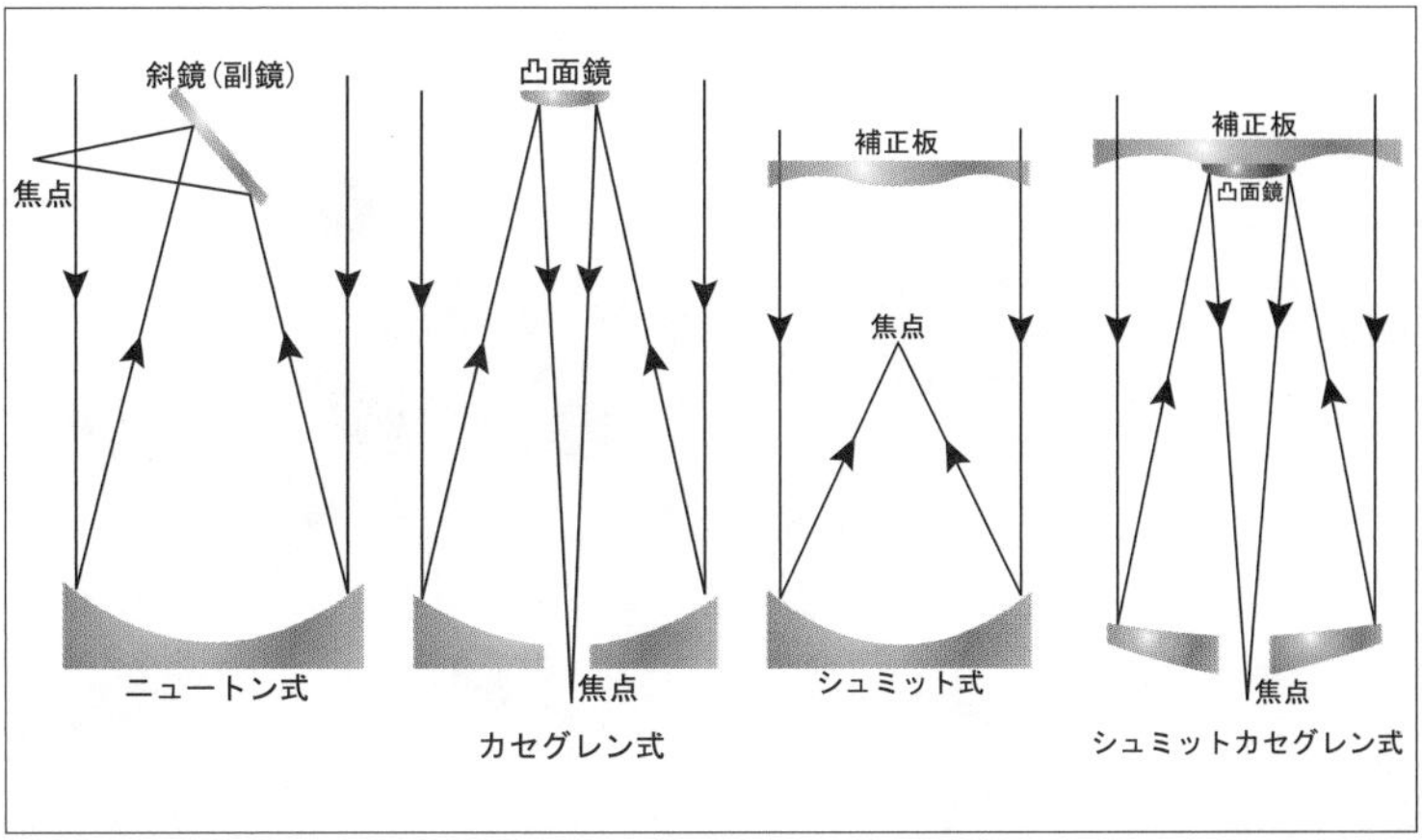

反射望遠鏡の長所

・主鏡の口径をある程度大きくしても鏡筒が長くならず扱いやすい
・色収差が全くない
・主鏡や鏡筒の大きさ、目的や用途に応じて実像の取り出し方を変えることができ、さまざまなタイプの望遠鏡を作ることができる

反射望遠鏡の短所

・口径比の小さい反射望遠鏡では、視野周辺部にできる像がコマのように歪んで見えるコマ収差が見られる
・鏡筒内気流が乱れやすく、見える像が揺れることがある
・時間の経過とともに鏡の反射率が低下するので、定期的に洗浄が必要で、場合によっては再メッキをしなければならない
・調整を要する部分が多い

図4-8　コマ収差

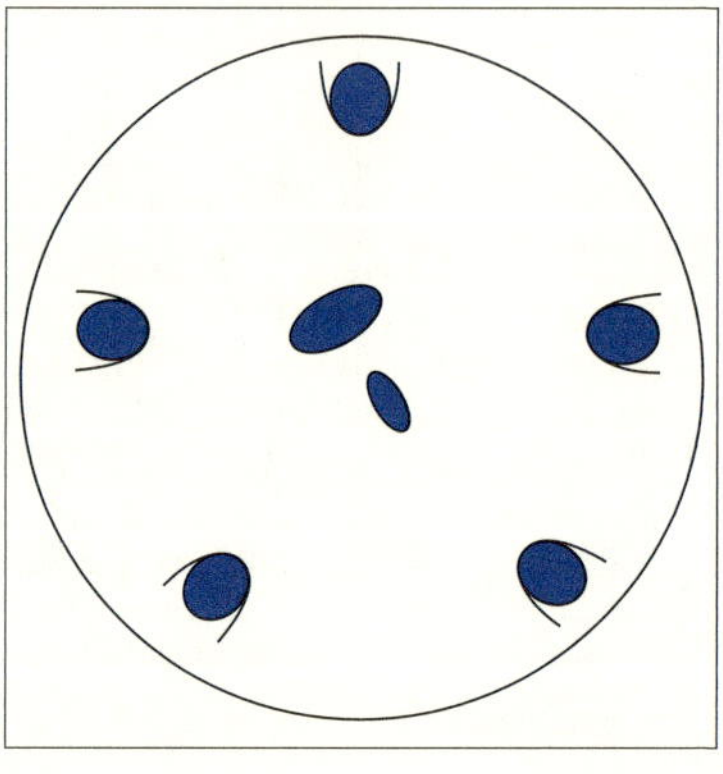

4-4 望遠鏡の性能と倍率

望遠鏡の光学的な性能を決める要素には、一体どのようなものがあるのでしょうか。「倍率」はよく耳にする用語ですが、倍率が高ければ性能がよいと言い切れるでしょうか。実は、そうではないのです。この誤解に便乗した製品が多く売られていたりしますので、正しい知識を身につけましょう。

口径と集光力

望遠鏡の性能として最も重要なことは、望遠鏡の口径です。つまり、屈折望遠鏡の場合は対物レンズの口径、反射望遠鏡の場合は主鏡の口径です。

口径が大きくなると、まず、集光力が上がります。集光力とは、どれくらいたくさんの光を焦点に持ってこられるかという、光を集める能力を指します。よって、集光力は対物レンズや主鏡の面積に比例します。これは、口径の2乗に比例します。人間の瞳の直径約7ミリメートル（暗いところでの値）に対し、たとえば口径70ミリメートルの望遠鏡を使って夜空を見るとしましょう。口径が10倍になって集光量は１００

倍になり、5等級明るくなったように見えます。原理的には、6等星を望遠鏡で見るとあたかも1等星に見えることになります。

口径と分解能

次に、口径が大きくなると、分解能が上がります。たとえば、新聞や雑誌に掲載されている写真は虫めがねでいくら拡大してもぼやけて見えて、より細かいところが見えてくるわけではありません。これは分解能が悪い像のようなものです。一方、画素数が大きいデジカメで撮った写真なら、拡大してもかなり細かいところまではっきりと見えますね。分解能とは、「像がどのくらい繊細さを持っているか」と理解してください。

分解能の高さは、口径の大きさに正確に比例し、口径が大きいと実像はきめこまかい仕上がりになっています。

図4-9　口径が異なる望遠鏡による同倍率での見え方イメージ

口径が異なれば同倍率でも見え方が異なります。口径の大きな望遠鏡では明るく鮮明な像が見えます（上側）が、小口径では暗く不明瞭になります（下側）。

© NASA, ESA and E. Karkoschka (University of Arizona)

倍率は大きければよいわけではない

さて、次は問題の倍率について考えてみましょう。倍率は、

（望遠鏡の倍率）＝（対物レンズや主鏡の焦点距離）÷（接眼レンズの焦点距離）

で求められます。焦点距離の長い対物レンズや主鏡を用いると、大きな実像を手元に作り出すことができます。つまり、焦点距離が長いと望遠鏡としての倍率が高くなるわけですが、倍率を高くしても低くしても、天体から届く光の量は口径で決まっています。そのため、倍率が高くなって実像が大きくなると、実像が暗くなり、逆に見えにくくなってしまいます（図4-10）。つまり、倍率は大きければよいというものではありません。

また、実像を拡大する役割を持つ接眼レンズ（アイピース）は焦点距離が小さいほど拡大率が大きくなるので、倍率を求める式では接眼レンズの焦点距離は分母にあります。対物レンズや主鏡は交換できませんが、接眼レンズは交換できるので、焦点距離の小さい接眼レンズを使えば、いくらでも倍率を上げることが可能となります。

ですから、倍率は望遠鏡本体の性能ではありません。もし口径の小さな望遠鏡で無理に倍率を高くすると、集光力がないため像は暗く見えます。さらに、実像のきめの

細かさも口径で決まっていますので、倍率をある程度以上上げてもよく見えるようにはなりません。先の例でいうと、新聞や雑誌の写真を虫めがねで見るようなものです（図4-9の写真を参照）。

適正な倍率がある

こう考えてくると、望遠鏡にはその口径によって決まる適正な倍率というものがありそうだと気づきます。

私たちの眼の分解能は、視力1・0の人でおよそ1分角です。口径で決まる実像のきめの細かさが0・01分だったとすると、それを100倍にして1分にしてもよいでしょうが、それを500倍にして5分の荒さがあったら、人間の目が1分まで見えるのですから、像はぼけていると感じるでしょう。

このように、接眼レンズを通して見るときは人間の

図4-10　焦点距離による実像の大きさの違い

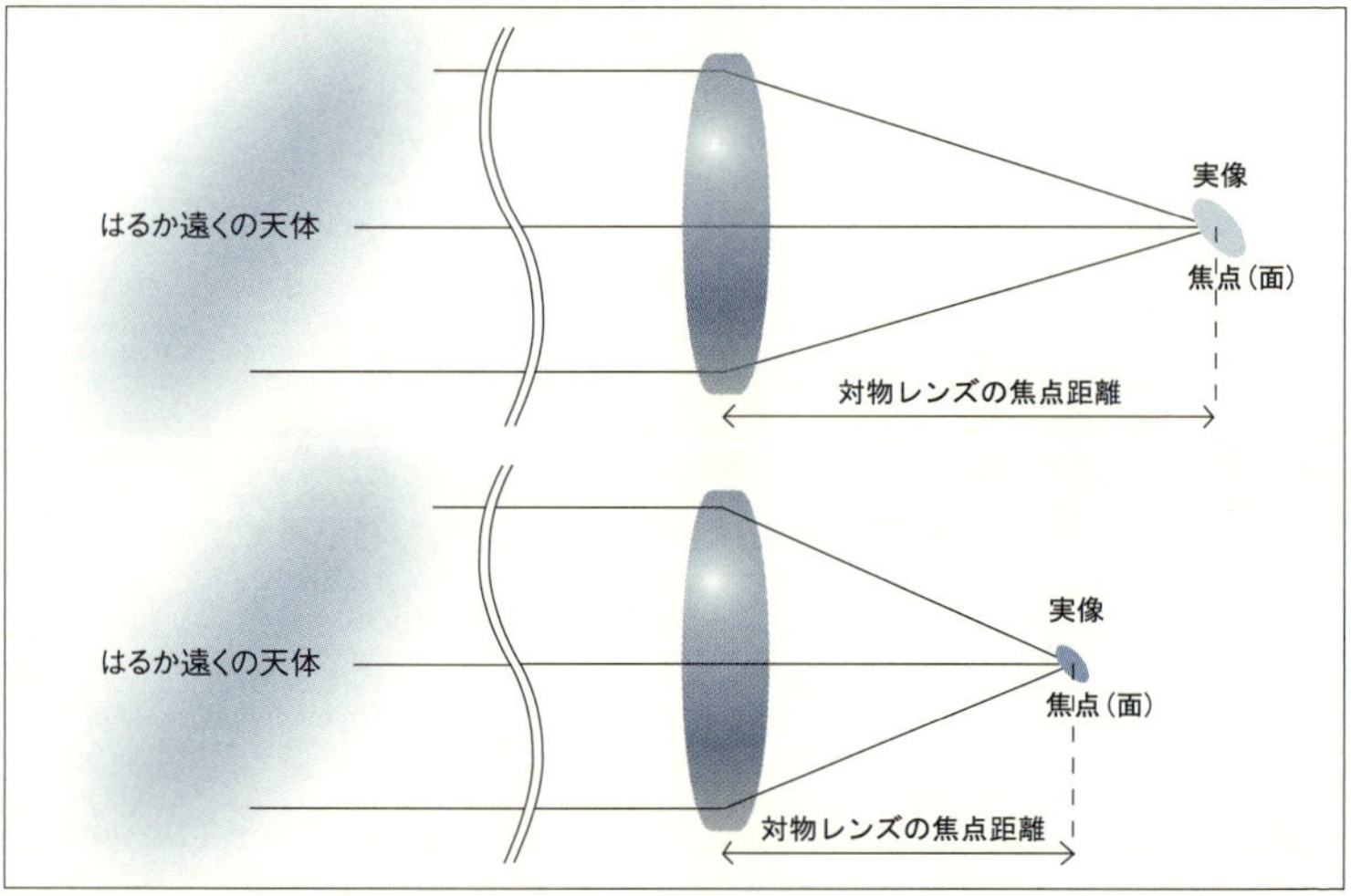

目の分解能と実像の分解能がちょうどつりあうところで最高倍率が決まってきます。このようにして決まる最高倍率は、だいたい口径をミリメートル数に換算したくらいの大きさになります。口径15センチメートルならば、口径は150ミリメートルで最高倍率は150倍程度です。覚えやすいですね。

最高倍率よりも少ない倍率で見ると像は明るく引き締まって見えます。星雲や銀河のように淡く広がった天体を見るときは、たいていの場合、それ自身十分に大きいので倍率を上げる必要はありません。倍率を上げて像を拡大すると、淡い光がますます淡くなってよいことは何もありません。この場合は倍率を下げたほうがよく見えます。

では、どこまで倍率を下げればよいかということが問題になります。星からの光はほとんど平行光線で望遠鏡の対物レンズや主鏡に当たり、いったん焦点を結んだあと、接眼レンズを出てくるとき、光の束となって（平行光線で）目に入ってきます。倍率が低いほどその束は太いという性質があります。この太さは「射出ひとみ径」と呼ばれます。この光の束の直径が人間の目の瞳の直径（暗所で約7ミリメートル）よりも太いとせっかく望遠鏡で集めた光が瞳からあふれてしまい、網膜まで到達しません。口径の大きな望遠鏡で光を集めた意味がなくなるのです。このような無駄がなくなる条件で最低倍率が決まります。図4-11の接眼レンズのなかに見える、丸く明るい部

分の直径が射出ひとみ径です。最低倍率の目安は、

口径ミリメートルの約1/7倍程度

です。よって、口径150ミリメートルの望遠鏡では、約20倍程度が下限となります。

これらの適正倍率は理論で決まりますが、実際は理論値を参考にしながら適正倍率を決めます。

星空案内をしていると気が付くことですが、はじめて望遠鏡を見る人の場合は、多少像は暗くても、ぼけていても、見かけの大きさが大きいほうが見やすいと感じるようです。惑星などの輝度の高い天体を見るときは上の最高倍率より少し高めで見せても構いません。こと座のリング星雲のようなものでも、多少明るさを犠牲にして見かけの大きさを大きくすると「確かにリングに見えます！」という反応がかえってくることがあります。慣れて来たところで倍率を下げ、きれいなリングを鑑賞していただきます。

図4-11　射出ひとみ径

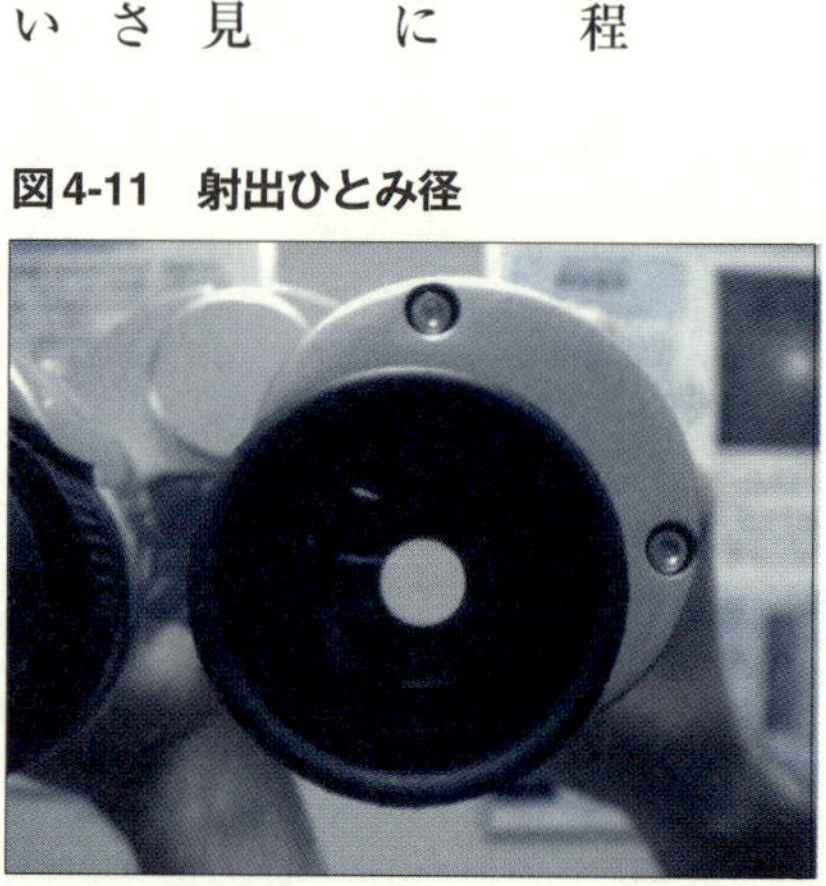

接眼レンズ

倍率を変えるために差し替える接眼レンズ（アイピース）の性能も、大切になって

きます。接眼レンズにはさまざまな種類がありますが、ここでは割愛したいと思います。見かけの視野（のぞいたときに見える範囲）を広くしたり、色収差をなくしたりとさまざまな工夫がなされており、それぞれタイプによって特徴がありますから目的に応じて選んで使います。

4-5 望遠鏡の性能を阻害するもの

望遠鏡の実像の繊細さは理論的には口径で決まりますが、現実の観察ではさまざまな障害があって、理論通りの分解能で観察できるわけではありません。口径が大きいほど、障害を克服する努力が必要になってきます。ここでは望遠鏡の性能を阻害する要因を取り上げます。

大気の影響によるもの

・シーイング

大気のゆらぎによって、望遠鏡で見える天体の像がゆらいだり広がったりします。この度合いを「シーイング」と呼び、普通の観測ではシーイングはよいときでも1から2秒角程度です。天文学者が使う天文台は、なるべく晴天が多く、シーイングのよい日が多い適地が選ばれます。すばる望遠鏡のあるマウナケア山頂での平均的なシーイングは約0・5秒角だそうです。シーイングが悪いときは、望遠鏡の口径を大きくしても（分解能を高めても）、倍率を上げても効果がありません。まるで流れが乱れている川底の石を見るようなものです。

・背景光

街灯が明るいせいで天体が見えにくくなります。大気中の水蒸気やチリが街灯を反射・散乱して、空全体を明るくしているからです。これを背景光（バックグラウンド）といい、背景光が強いと天体の光が埋もれて見えにくくなります。

・空の透明度

空の透明度も見え方に関連します。透明度とは、大気のきれいさのことです。「冬は空が澄んでいる」と感じるときは、上空の風が強いために大気中のチリが吹き飛ばされて光の散乱が減っている状態です。台風後の大気にも同じようなことがいえ、このときは背景光も少ないのでよく見えます。ところが、透明度が高いときでも上空の気流が乱れていれば、シーイングが悪く、よく見えません。大気中に蒸気が多いときは散乱が多く、透明度はよくありません。

これらの観測を阻害する要因は、観測する天体の高度が低い場合は明らかに深刻になります。高度の低い天体は長い距離、大気を通過するからです。日周運動で天体の高度が高くなってから観測できるのであれば、それにこしたことはありません。

そのほかの阻害要因

大気の影響以外にも、像を悪くする要因はたくさんあります。一つは、望遠鏡内部や周辺の要因です。屋内外に温度差があるときは、望遠鏡を外に持っていってすぐに観測しはじめると、鏡筒内外の温度差によって鏡筒内の気流が乱れて像が悪くなります。観測前に望遠鏡を外に出して、外気となじませておく必要があります。望遠鏡周囲の熱源のために空気がゆらぎ、像がゆらぐこともあります。ですから、車やボイラーの排気は避けなければなりません。また、人間の体温でも像がゆらいでしまうこともあり、観測する人数が多いときには注意が必要です。

人工の光や視野外の月や明るい星などの光が鏡筒に差し込むと、コントラスト（明暗の対比）が悪くなります。たとえば、街角ライブ（都会の真ん中で一般の方に月や星を見ていただくイベント）などでは、観測者の目に街灯などから直接届く光もありますので、その場合は接眼部を手でおおってあげないといけません。

さらに反射望遠鏡の場合は、長く使用していると鏡筒内側に埃《ほこり》が付着し、それが光を散乱してコントラストが悪くなります。主鏡が汚れると反射率の低下を招くので、定期的にメンテナンスが必要です。

4-6 架台の種類

望遠鏡の光学的な性能はレンズや鏡の性能で決まってしまいますが、使い勝手を左右するのは何といっても架台の良し悪しです。架台とは望遠鏡を乗せる台のことです。架台にとって重要なことは、安定性と剛性（頑丈さ）です。架台が弱いと天体を導入しにくく、ちょっとした振動で視野が震え、天体の画像を観察することはできません。また、モータードライブで日周運動を自動追尾するときには、架台の精度も大切になってきます。架台には、経緯台式と赤道儀式の二種類がありますので、それぞれの特徴を見ていきましょう(*)。

経緯台式

望遠鏡を水平（左右）と鉛直（上下）の二方向に動かして天体をとらえる架台です（図4−12）。

(*) 実際の動かし方は実習講座で本格的に学びますので、ここでは構造と特徴を理解するにとどめます。ご心配なく。

長所

・方位（水平方向）と高度（鉛直方向）に望遠鏡を操作するので、考えたとおりに簡単に動かせる

・構造が簡単

短所

・天体の日周運動を追いかけるためには、水平方向・鉛直方向の両方向に対して同時に操作しなければならない

・日周運動を追尾していくと、天体が視界のなかで回転してしまう

赤道儀式

ここでは赤道儀式のなかでも小型望遠鏡で主流になっているドイツ式を中心にお話しします（図4－13）。赤道儀式の架台には極軸（赤経軸）と赤緯軸という直交した二つの回転軸があり、極軸は天の北極に向けておきます。二つの軸の周りで鏡筒をいろ

図 4-12　経緯台式架台
（シュミットカセグレン式　反射望遠鏡）

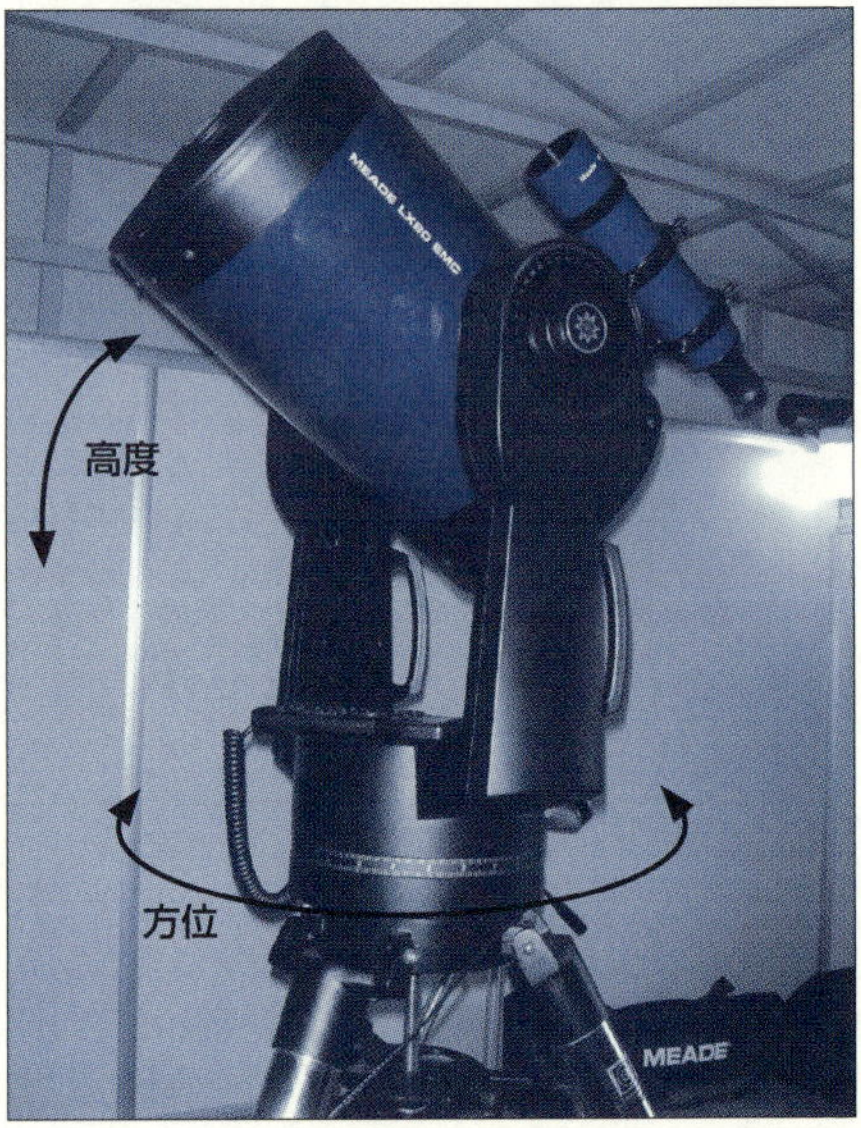

いろと回転させて目標とする天体を導入したら、赤緯軸周りの位置を固定し、天体の日周運動に合った速度で極軸の周りに回転させれば、天体を追尾することができます。

長所

・追尾が簡単なので長時間の観測に便利

・視野のなかで天体の像が回転することもなく写真撮影に適している

短所

・二つの軸が水平・垂直でなく、斜めになっているので、動かし方が直感的にわかりにくい

・構造が複雑で、バランスウエイトも必要なため全体が重い

・極軸合わせが必要

最後にクランプという構造について述べておきます。これは、経緯台式にも赤道儀式にも共通していること

図 4-13　赤道儀式架台（ニュートン式　反射望遠鏡）

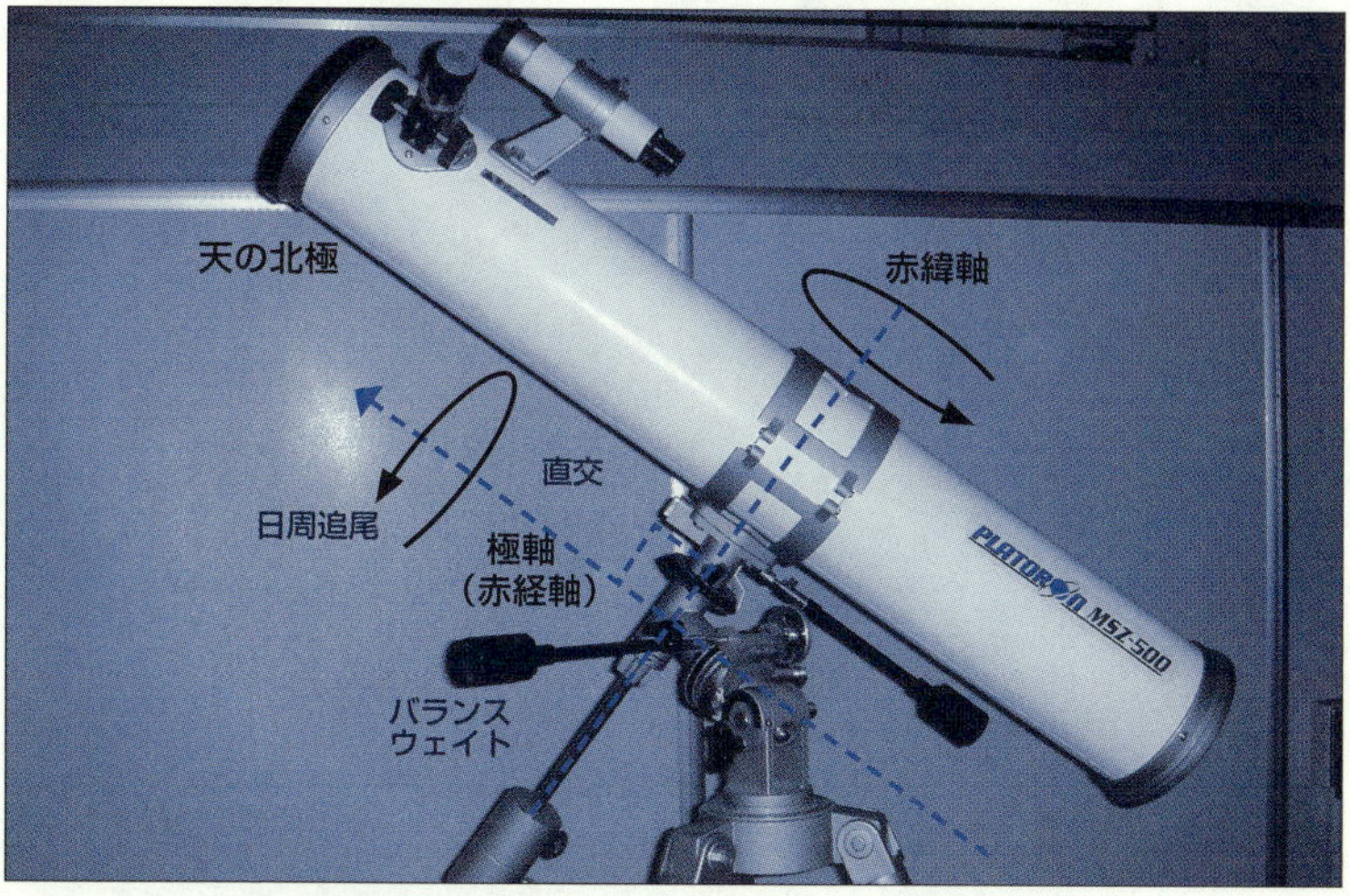

です。二つの回転軸には「クランプ」というレバーがあり、これをゆるめれば軸の周りに自由に望遠鏡を回転できます。目標とする天体が視野に入ってきたらクランプを締めて、次は「微動ハンドル」を用いて鏡筒をそれぞれの軸の周りに少しずつ回転させ、天体を視野の中央に持ってきます。また、赤道儀の場合、クランプをゆるめたときに、極軸・赤緯軸両方の周りの回転に対して重量バランスがとれていなければなりません。(*)

双眼鏡

双眼鏡のしくみは、屈折望遠鏡と同じです。屈折望遠鏡を二本並べて両眼で見えるようにしたものです。片眼で見るよりずっと楽で、気分よく星空をながめることができます。屈折望遠鏡をそのまま使うと景色がさかさま（倒立像）になるので、双眼鏡では、プリズムを使い「見たままの景色（正立

(*) これは実習の講座で学んでください。

図 4-14　天球と極軸のまわりの回転

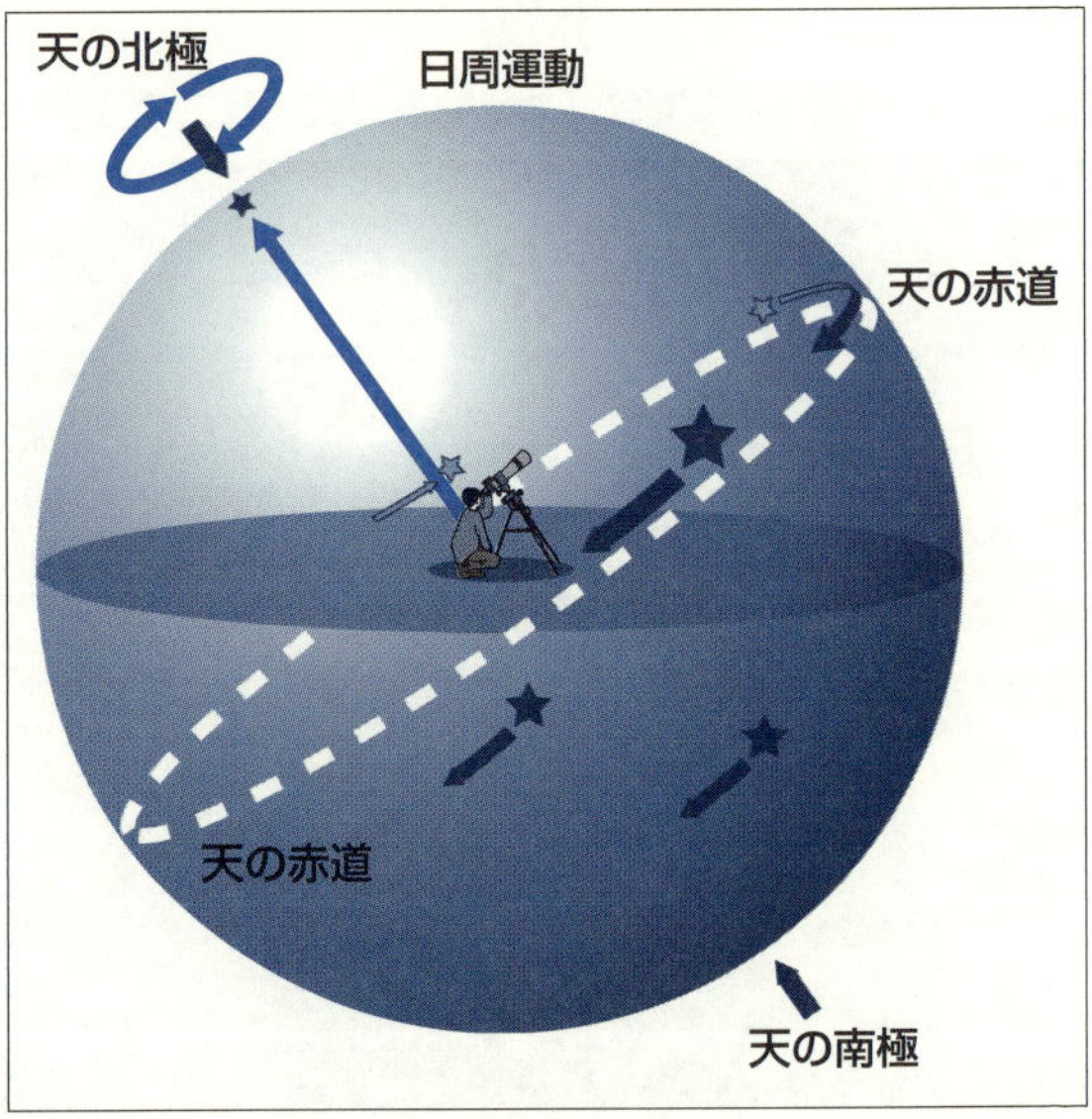

像)」に戻すよう工夫されています。

双眼鏡は普通、倍率は低く視野が広い(見える範囲が広くなる)設計になっています。また、望遠鏡に比べ持ち運びも簡単で気軽に使えるという良さがあります。これらの特長のため、星空散歩には最適な道具といえます。天の川を見るときなどは双眼鏡の視野一面に星だらけです。まるで宇宙船の窓から壮大な宇宙の姿をながめているような気分になれるでしょう。

双眼鏡には図4-15のような数値が書いてあり、それは左上から倍率、口径ミリメートル、実視野を表しています。レンズ口径は望遠鏡と同じ理由で大きいほどよいのですが、口径が大きければ値段も重さも増すという問題があります。口径は大きくて三脚固定用の70ミリメートルくらい、手持ちでは最大で50ミリメートルくらいで十分でしょう。倍率も口径に見合った倍率ということで、適切な倍率は10倍までです。これ以上倍率が上がると、像が暗い、視野が狭い、手ブレがひどい、などの弊害のほうが大きくなります。

図4-15　双眼鏡の数値

7×50は、7倍で口径50ミリメートルを意味します。7.1°は、実視野です。

手持ちで観測すると、どうしても手ブレで見えにくくなります。また、長時間の観察では腕が疲れます。ですから、三脚を準備することをお勧めします。なお、最近では手ブレ防止機能が付いた双眼鏡もあります。

実視野について

実視野は、双眼鏡をのぞいたときに見えている範囲のことです。手のものさしで、腕を伸ばして作ったゲンコツが約10度ですから、実視野が10度であればこのゲンコツでおおわれる範囲が双眼鏡でのぞいたときに見えていることになります。もし、この双眼鏡が7倍であれば、双眼鏡をのぞいたとき眼前に見えるものは（これを見かけの視野といいます）、10度×7＝70度になっているはずです（図4－16）。

図4-16　実視野と見かけの視野

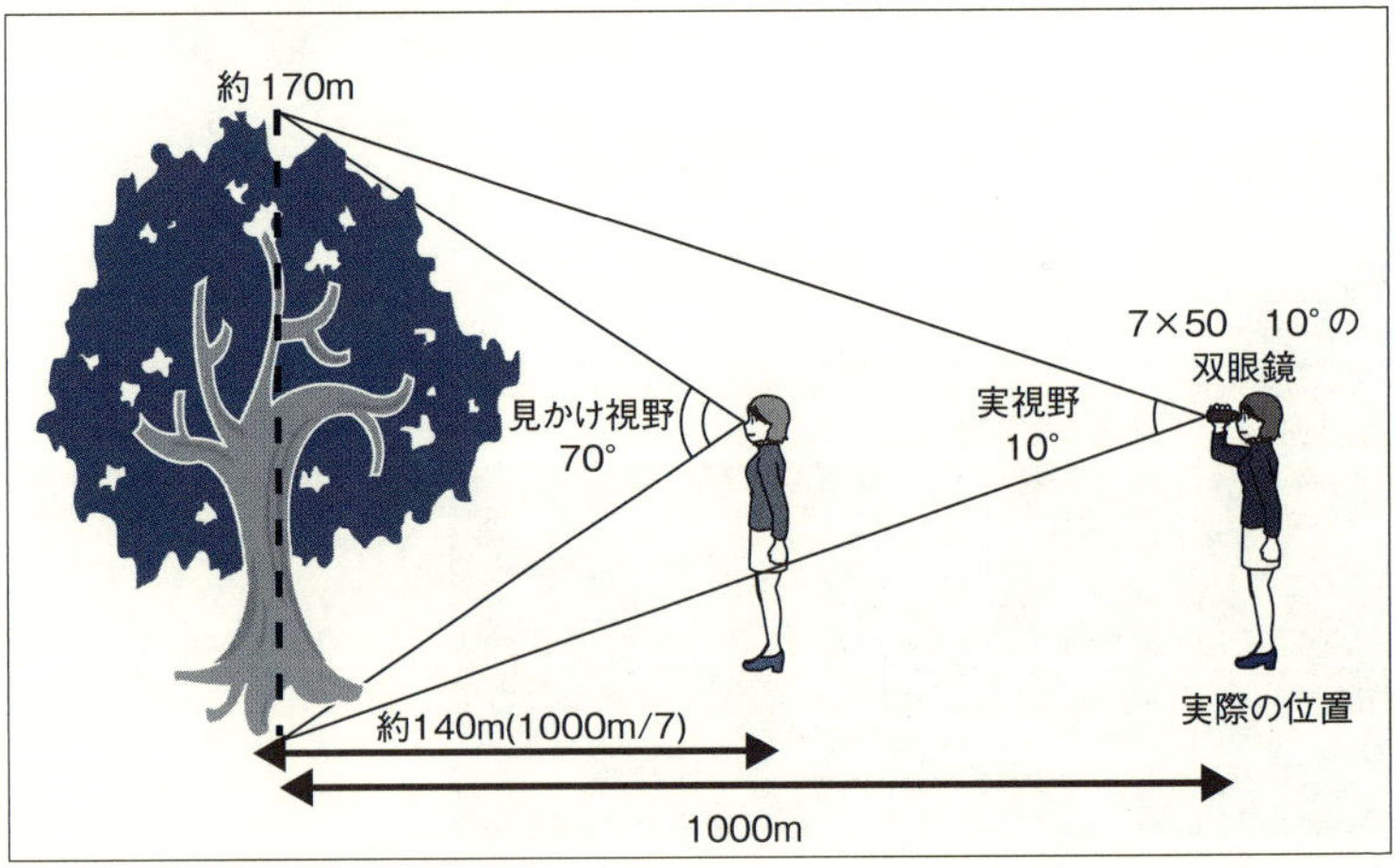

双眼鏡をのぞいたら、今、空のどの範囲が見えているのか、考えてみることをおすすめします。

たとえば、いるか座というかわいい星座がありますが、この星座の広がりは7度くらいありますので、実視野が直径7度の円ですと、ちょうどいるかの姿が視野に入ってとても素敵な星座観察ができます。また、「170m at 1000m」というように、1000メートル先での視野の大きさが書いてある双眼鏡もあります。

いろいろな双眼鏡を借りて、「木星のガリレオ衛星が双眼鏡で見えるか」という実験をしたことがあります。手軽に散歩に持って出ることができる小型のものばかりでテストしました。すると、口径も倍率も十分ある双眼鏡で衛星が見えなくて、それよりも口径、倍率ともに小さい双眼鏡でうまく見えたりするという結果になりました。単純に口径や倍率などの値だけでは見え方までわからないようです。レンズやプリズムの質も問われるのです。経験者からいろいろ情報を集めたり、実際に双眼鏡を手に取っていろんなものを見たりして、判断してから購入したほうがよいでしょう。

星空案内人認定試験模擬問題

以下の文章に重大な間違いを見つけたら（　）に ×を入れてください。

問１（　） 屈折望遠鏡の対物レンズの最も重要なはたらきは、はるか遠くにある天体の実像を手もとに作り出すことである。

問２（　） 口径を一定にして、焦点距離を長くすると、対物レンズや主鏡が作る実像の大きさは大きくなる。したがって、実像の明るさも明るくなる。

問３（　） 接眼レンズを用いずに、対物レンズや主鏡が作った実像の位置に写真のフィルムをおくと写真を撮ることができる。

問４（　） 反射望遠鏡では実像の位置が観察に適していないので、主鏡以外に第二、あるいは第三の鏡をおいて、観察しやすくする。

問５（　） 望遠鏡の倍率は、
（対物レンズ（主鏡）の焦点距離）÷（接眼レンズの焦点距離）
で求めることができる。よって、焦点距離が異なる接眼レンズを用いて、望遠鏡としての倍率を調整することができる。

問６（　） 望遠鏡の分解能とは、どのくらいきめこまかい像を得られるかの度合いを表しており、倍率を上げることによって分解能をよくすることができる。

問７（　） 惑星は輝度が高いため、高めの倍率で観測してもよいが、星団や星雲を観測する場合には倍率を抑えて像の明るさを明るくするとよい。

問８（　） 望遠鏡の性能を発揮させるために架台にとって大切なことは剛性と安定性であり、自動追尾システムについてはその正確さも要求される。

問９（　） 経緯台式の架台では、極軸を天の北極に向けておき、極軸の周りに回転させることによって、天体の日周運動を追尾することができる。

第5章 星座を見つけよう

5-1 星空観察の準備

「星空観察にいざ出発！」といっても、自宅のベランダだったり、玄関先だったり、近くの公園だったり。星空案内人にとって星空を楽しむことは身近で、日常的なものです。勤め帰り駅前で、お友達に「♪一番星見つけた。あれが金星だよ」と教えてあげることができるのが星空案内人です。もちろん、年に何回かは満天の星空を楽しむために人工の光の少ない田舎にいくのも楽しみですが。

この章では、人工の光の多い都市部や郊外での観察を想定していくつかの心得をまとめます。それほど本格的な観察でなく、気楽にできることを第一に考えます。星空案内もそのような状況で行われることが多いでしょう。

余分な光を避けるためのポイント

まず、余分な光を避けるのが成功の秘訣です。瞳は周囲の明るさに応じて自動的に開いたり狭まったりします。星の光はその瞳を通って目のなかに入るので、開いていればそれだけ入る光も多く、暗い星まで見えます。ですから、星を見るには、次のようなことに注意して瞳ができるだけ開いているようにしましょう。

①街灯などの人工の光を避ける

街灯があるときは、なるべく遠ざかるとか、街灯の光の影に入るなどの工夫をします。電灯を手で隠すだけでも随分見やすくなるものです。

②ゆったりとした気持ちで5分くらい空を見る

瞳が周囲の暗さに応じた大きさに開くまでには少し時間がかかります。明るい星を見つけ、あそこら辺には何座があるのかな、などと考えているうちにだんだん星が見えてきます。外に飛び出してすぐには星がよく見えません。まず、5分間空を見てください。ゆったりとした気持ちになって。

③月明かり・薄明に注意する

ライトの豊富な都会などでは、それだけで見える星の数は激減しますが、暗い場所でも、満月のように月が明るいときは同様です。星空を観察するには、月明かりのないほうがよいのです。

日没から、太陽の光の影響がまったくなくなるまでの間を「薄明」といいます。季節によって違いますが、日没後だいたい1時間から2時間くらいの間です。星空を観察するには、薄明終了後が適しています。日の出前にも薄明はあります。

星空観察のための準備

星空観察に出かける前に準備したほうがよいことがいくつかあります。まず、その夜どんな星や星座が見えているのか、お目当ての星座や星をあらかじめ調べておくことです。その星の見える方向、星座の形を調べます。そのほうが、ワクワク感が増しますし、また、暗いなかで調べるのは結構大変なのです。せっかく満天の星なのに、下を向いて星座早見盤や本を見ているのでは心が落ち着きません。

時計、懐中電灯は持っていきましょう。懐中電灯は安全のために必要ですし、星空案内のときは星を指し示して教えるためのポインターとして活躍します。ただし、直接眼に入らないよう注意してください。星座早見盤や本を調べるときには小型の懐中電灯が必要です。せっかく開いた瞳を閉じさせないためにも、弱い光で、できたら赤い光が(*)よいでしょう。星座早見盤や星図、解説書も準備します。しかし、先にも書きましたが、暗いなかで本を読むのはうまくいきませんので、予習が肝心ということです。双眼鏡は大小にかかわらず非常に便利です。低倍率で視野の広いものが星座の形の確認には重宝します。

ちょっと本格的に、というのであれば、少し大きめの双眼鏡を三脚につけて持ち出

(*) 赤いセロファンなどのカバーがついたもの。

すのもよいでしょう。望遠鏡もあれば月や惑星などはとても楽しめます。双眼鏡・望遠鏡を使うときは、椅子があれば見やすい姿勢がとれて楽です。星座観察でも、椅子を使ったり、シートを敷いて寝転がったりすると、とても楽に観察できます。

注意事項あれこれ

ここで、いくつかの注意事項があります。転ばぬ先の杖です。ここは我慢してよく読んで対応してください。

星の観察は、暗いところでするのですから、はじめに、周りをよく見ておく、置いてあるものにつまずかないようにする、など気をつけます。持ち物も暗いなかでなくすと探すことが難しいものです。どこに何を入れたかをよく管理し、落としてしまいそうなものは持たないようにするなど対

図 5-1　星空観察のためにあると便利なもの

こんな準備があるとよいでしょう。壊中電灯 (大、小)、時計、星座早見盤、野外星図、双眼鏡など。双眼鏡を三脚に乗せるアタッチメントもあれば便利です。

策が必要です。このあたりは、経験者からいろいろ教えてもらうとよいでしょう。しかし、「苦い経験を積みながらだんだんと上手にできるようになる」といっておいたほうが現実的かもしれません。

はじめての土地、慣れない場所での観察では、明るいうちに下見をして安全には十分気をつけます。よい観測スポットではたくさんの人が集まることもあります。お互いに楽しく観察できるようにマナーにも注意します。観測地に入るとき、車のライトで先客を照らさないように気をつけます。天体写真撮影をしている人がいるかもしれず、そんなときは撮影がダメになってしまいます。

夏は虫の対策（防虫スプレー、長袖、釣り人が使う蚊取り線香等）が必要ですし、冬は寒さ対策が必要です（厚着のほかにカイロなども重宝します）。4月5月頃、春が終わって夏に向かう時期などは、夜になって1時間もすると、日中の暖かさとは全然違う寒さになることがあります。長時間外にいると、とても寒くなるのです。冬の星座案内は1時間が限度で、それ以上の観察をするときは、いったん休憩して暖をとるとよいでしょう。

流れ星を観察するときは、敷物を敷いて寝そべりながら見ると楽です。何人かで寝転がっておしゃべりしながらの流星観測はすばらしい想い出になります。このとき、足に他の人を引っ掛けたりしないように注意しましょう。逆に踏まれたりしたら大変ですし、お互い楽しく観察できるのが一番です。

図5-2　星の日周運動

服部完治撮影

5-2 いろいろな資料を活用する

さまざまな情報源

星空を楽しむためには月齢や惑星の位置などを知る必要があります。さらに、日食や月食がいつあるのか、流星群(*)がいつあるのか、といったことも知りたいでしょう。彗星などは突然現れたりします。このように天文学上の珍しい現象、重要な現象、また、見て楽しめる現象などをまとめて「天文現象」といいます。星空案内人としては、これらの天文現象を見逃さないように情報を集める必要があります。また、天体までの距離、あるいは質量など数値的なデータを調べたくなるときもあります。さて、どのような方法で情報を集めたらよいのでしょう。

・新聞

たいていの新聞には、毎日の日の出、日の入、月の出、月の入、月齢が載っています。先にも書きましたが、月が出ているかどうかは星座を見るときに大いに影響しますので、ここは一つのチェックポイントです。月齢は新月からの日数で、月の満ち欠けを

(*) **流星群**
毎年決まった時期に流れ星が特にたくさん現れる現象（P.179参照）

表します。なお、月齢はたいてい小数第一位まで書いてありますが、これが年鑑などと違うときがあります。月齢は時刻により変化していくものですから、何時の値か、ということになるのですが、新聞では正午の値を載せたものが多いようです。もちろん、新聞には珍しい宇宙の現象や発見なども報道されますので見逃さないように！

・天文雑誌（「天文ガイド」誠文堂新光社、「星ナビ」アストロアーツ）

これらはいずれも月刊雑誌です。日の出、日の入、月齢などの情報だけでなく、惑星の位置や見え方（形や大きさ）、そして、毎月の注目される天文現象も載っています。それ以外にも、宇宙・天文ファン向けの雑誌ですから、その観点からさまざまな記事が掲載されます。天文ボランティアの活動グループなども紹介されますので、新たな出会いが生まれるかもしれません。

・天文年鑑（誠文堂新光社）、天文観測年表（地人書館）

これらは年刊で、12月頃に翌年のものが発行されます。毎月の星空や月、惑星の情報のほか、日月食・星食など、いろいろな天文現象が一年分まとめて載っています。また、基礎データも記載され、解説もありますので便利です。

・理科年表（丸善）

編集は国立天文台ですが、内容は暦、天文、気象から物理、化学、生物、地学、環境の分野まで、さまざまなデータを集めたものです。その年の日食、月食や惑星現象などはありますが、毎月の星空のような図版はありません。星の名前、明るさ、距離、スペクトルや、銀河の種類など、天文学の基礎データが詳しく掲載されています。

・天文ソフト（ステラナビゲーター、ザ・スカイ、など多数）

何千年もの未来や過去を含めて、好きな日時、好きな場所での星空がコンピューターの画面にプラネタリウムのように表示されるソフトが公開されています。販売されているものもフリーのソフトもあります。これらには、諸種の天文現象シミュレーション、星座解説など、退屈しないようなプログラムがたくさん組み込まれています。

・インターネット

これは大変よい情報の源です。

たとえば、彗星や超新星に関するニュースなどは雑誌では間に合いませんので、インターネットが最良の情報源です。実際、天文学者自身も超新星やガンマ線バーストといった突発的な現象の情報はインターネットを用いて世界中で共有しています。日食や月食などの特別な天文現象があるときは、リアルタイムの中継が組まれることもあります。望遠鏡がなくても、自分の場所が悪天候でも見られるので、魅力的です。

また、検索すれば、世界各地の巨大望遠鏡、ハッブル宇宙望遠鏡などで撮られた画像、探査機の撮った画像なども容易に見つけられるでしょう。天文学、宇宙物理学の解説記事もありますから、勉強にも使えます。ただ、記事に書かれていることが信用できるかどうかは不明なこともあるので、勉強のときには、誰がどのような立場で書いた記事であるかに十分注意してください。

国立天文台（NAO）、宇宙航空研究開発機構（JAXA）やNASA、各大学などの研究機関のページや、各地の公開天文台、科学館のページにあるニュースや解説記事は信頼性も高く、おすすめです。自分のメールアドレスを登録しておくとニュースを配信してくれるサービスもあります。仲間探しをしたいときや、比較的簡単に入手できる機器、観測方法などの情報を手に入れたいときは、天文雑誌の出版社や望遠鏡メーカーのページ、各地の天文愛好会同好会、個人運営のホームページなども活用できます。

検索をかけるとたくさん見つかりますが、出発点となりそうなページを四つ挙げておきます。

http://www.nao.ac.jp/　国立天文台（NAO）

http://www.isas.jaxa.jp/j/　宇宙航空研究開発機構（JAXA）宇宙科学研究本部

http://www.nasa.gov/　NASA

http://hubblesite.org/　ハッブル宇宙望遠鏡

・星図

星座の形、星の明るさや名前、星雲や銀河の位置などを知るためには、星座早見盤や星図が利用できます。星座早見盤よりずっと詳しく作られているのが星図です。星図は星空の地図のようなものです。星空を歩くために備えておきたいものの一つです。本や図鑑にも四季の星座といった簡単な星図が載せられ

図5-3　情報源いろいろ

ていて容易に入手できます。二重星、星雲、星団の見つけ方を書いた本にはそれらを見つけるための星図（ファインディングチャート）がついています。また、一枚の大きな用紙に全天をいくつかに区分して印刷したもの、もっと詳しく書いて綴じて本にしたものなどがあります。一枚ものは、たいてい6等星くらいまで載っているほか、星雲星団の位置も書いてありますから、肉眼や双眼鏡での観察には適しています。夜、野外では夜露が降りて紙は濡れてしまうので、ビニールのコーティングがされたものが便利です。

5-3 星座早見盤を使う

星座早見盤で5月1日20時の星空を見る

星座早見盤は、なかなか便利な道具です。星座早見盤の使い方を研究しながら、星の動きを理解してみましょう。いろいろなタイプがありますが、ここでは、ごく一般的に見られるタイプのものを考えることにします。時刻が書かれている盤を回して、20時が目盛られたところに、日付目盛のある盤の5月1日を合わせます（図5－4）。

日付け目盛が2日おきだったり5日おきだったりしたときは、目分量で5月1日の位置を想像してそこに20時を合わせます。そのとき上側の盤の楕円形の窓に見えているのが、その時刻に見える星空です。窓の中心が天頂、南あるいはSと書いてある窓のふちが南の地平線です。南に向いて空を見る

図5-4　星座早見盤の目盛

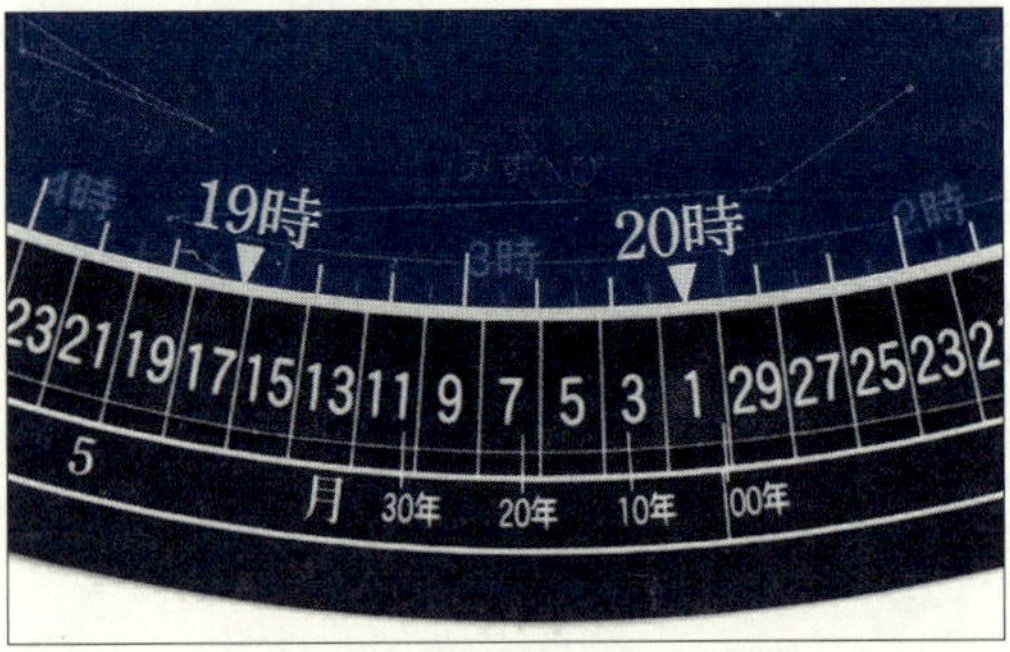

ここでは、5月1日20時に合わせています（5月17日19時にも合っていることから、同じ星空が別の日の別の時間に現れることがわかりますね）。

ときには、星座早見盤の南と書いてある位置を下にして掲げると、実際の空を見たように表示されます。

西を向いて空を見上げているときは、星座早見盤の西（あるいはW）と書いてある位置を下にして掲げます。同様に、北を向いて空を見ているときは、星座早見盤の北（あるいはN）と書いてある位置を下にして掲げます。したがって、北を見ているときと、南を見ているときでは、星座早見盤の持ち方が上下逆になっています。

盤の回転の中心が天の北極で、そこに北極星があります（実際は少しずれています）。北極と南の地平の間に「おおぐま」とか「しし」などと書いてあるのは星座名で、星座

図5-5　星座早見盤の持ち方

南の空を見るときは、星座早見盤の南を下に持ちます。東の空を見るときは、星座早見盤の東を下に持ちます。このような具合で、星座早見盤を回転させ、今見ている方角に合わせて実際の星空と比較します。

の形が想像しやすいように星座線が引いてあります。点（丸印）が星で、明るい星は大きい丸だったり☆のような記号だったりします。そのような記号の違いで、1等星、2等星――、の違いを表しているのが普通です。

星座早見盤では、天球の広い範囲を一つの平面に描いているため、南の地平線に近い部分はかなり東西に引き伸ばされています。つまり、星座の形・大きさにゆがみが生じています。なので、星座の形や星の位置を正確にとらえたいときは、星座早見盤では不十分です。比較的暗い星の位置も星座早見盤ではわかりません。星座早見盤はあくまでおおよその位置を知るための道具なのです。より正確に星の配置を知りたいときや、暗い星、星雲・星団の位置を知りたいときには星図を使います。

また、星座早見盤の時刻は日本標準時、つまり兵庫県明石市を通る東経135度の線が基準になっていますから、詳しくいえば、自分の場所の経度によって時刻の補正(＊)が必要ですが、ここでは、補正は考えないで使い方の説明をしておきます。

窓のなかのいろいろな線

地平線の上にある「北」と「天の北極」（星座早見盤の回転中心）と「天頂」（真上）と地平線上の「南」はちょうど直線上にあり、この直線は「(中央)子午線」と呼ば

(＊) 時刻の補正方法については、星座早見盤に説明があると思いますので、そちらを参照してください。

れます。星が、天の北極と地平線上の南を結ぶ子午線を通過するときを「南中する」といいます。もし、天の北極を中心に同心円がいくつかあれば、それは赤緯目盛線です。天の北極から四方八方に出ている直線は赤経目盛線です。赤緯目盛線のなかでも、赤緯0度の円が天の赤道です。オリオン座の三つ星はちょうど天の赤道の上にありますね。

しし座のなかの明るい星に「レグルス」と書いてあれば、それはその星の名前です。赤緯・赤経の線とは別にレグルスの側を通る曲線があり、おとめ座で天の赤道と交わっているところに秋分点と書いてあるかもしれません。この曲線は太陽が移動していく道筋で黄道といいます。黄道に沿って8／1、9／1――、と書いてあったら、それはその日の太

図5-6　星空早見盤に描かれたいくつかの線

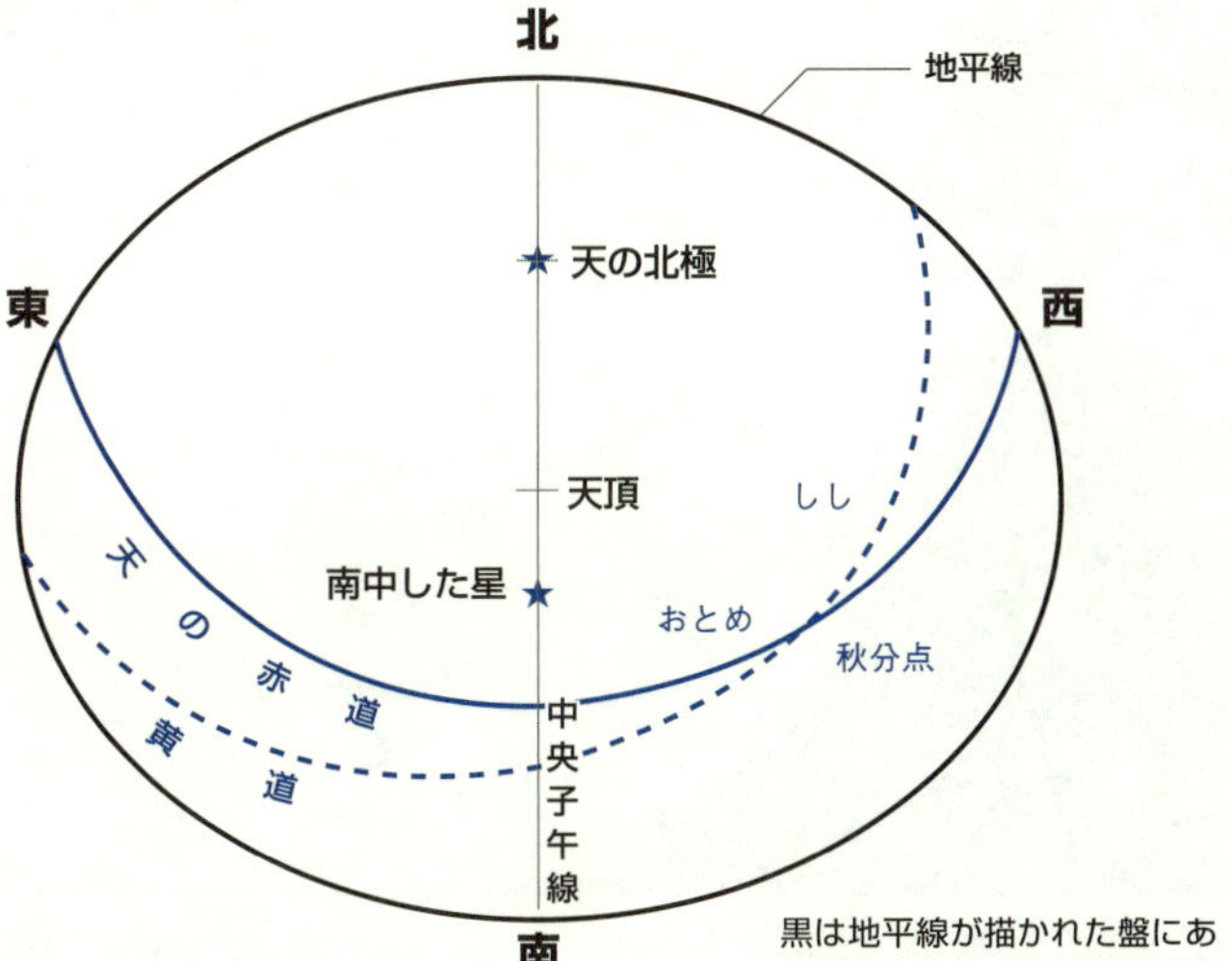

黒は地平線が描かれた盤にある線や文字で、青は星座が描かれた盤にある線や文字です。

陽の位置です。

星の運動と時刻の読み取り

一つの決まった日付目盛（今の場合は5月1日）に対して時刻を21時、22時――、と進めてみると、西側にあった星座は楕円の窓から消えていき、東側から別の星座が窓のなかに見えてきます。これは、星が東から昇り、西に沈むことに対応しています。この操作によって、21時頃には、オリオンの三つ星が沈み、21時20分頃にシリウスが沈むことを確かめてみましょう。さらに、東側を見れば、さそり座のアンタレスが昇ってくる時刻も読み取れます。また、22時50

図5-7　星や太陽の運動の読み取り

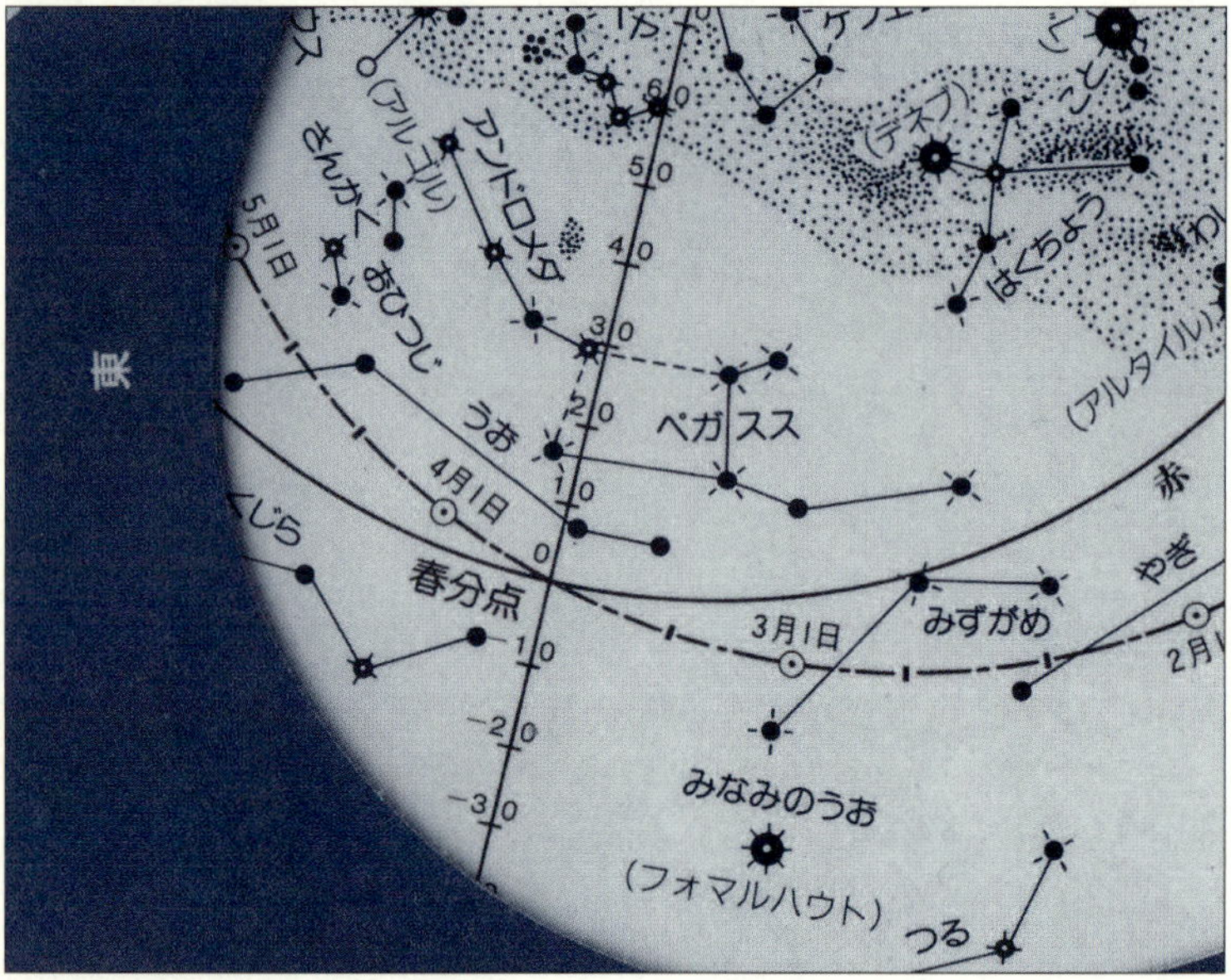

5月1日の太陽が東の空から昇ろうとしています。日の出の方向は東からやや北寄りで、時刻目盛を読み取ると、午前5時10分頃であることがわかります（正確には、観測地が東経135度からどれだけずれているかで補正が必要です）。

分頃になると、おとめ座のスピカが南中します。もっと回してアンタレスが子午線上に来るようにしますと、1時50分過ぎになっています。この方法で、星の出没・南中の時刻が読み取れます。

もし、黄道上に日付がある星座早見盤があるなら、5月1日の太陽の位置を見つけてください。これに先程と同じ方法を適用すると、日の出、日の入り時刻を知ることができます（図5-7）。よく見ると、太陽は真東よりもやや北側から昇って来ることも読み取れます。このように太陽のその日の運動も星座早見盤で知ることができます。

5-4 見つけやすい星と星座

星空案内をするときに基本となる最も見つけやすい星座は何でしょう。季節を追って見ていくことにしましょう。

春の星座

・北斗七星

春の星空で一番見つけやすい、そして、他の星座を探すときの出発点になるのは「北斗七星」です。

ここでは2月中旬の20時頃としましょう。北斗七星の位置を図5-8に示しました。その時期に、北から

図5-8　北斗七星の見える位置

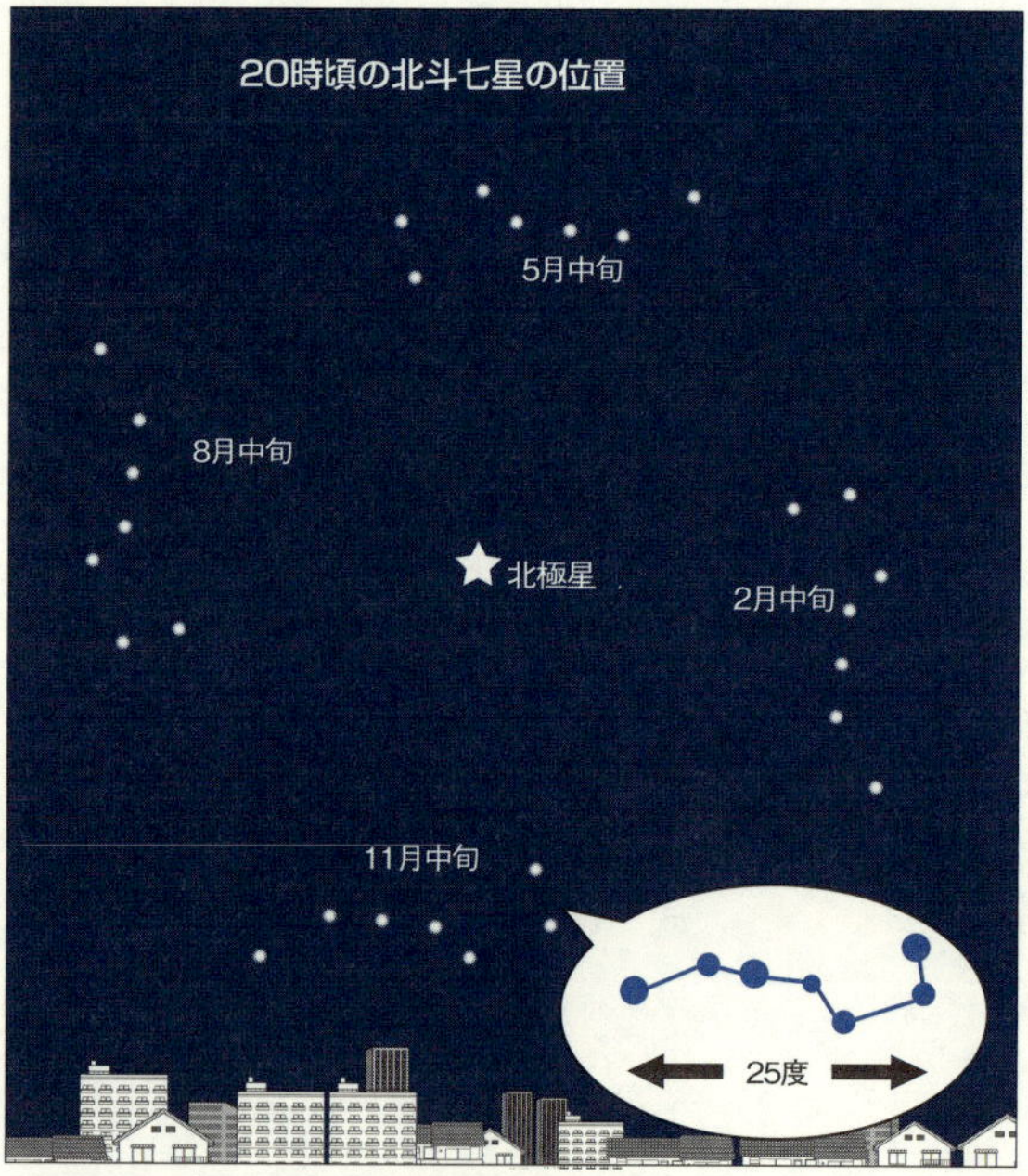

北斗七星の見える位置。日暮れとともに夜空をながめると、2月中旬には東の空に見え、春に向かってどんどん高くなっていきます。

35度～40度ほど東の方向を見ると、七個の星が図のように、縦に並んでいるのが見えます。これが柄杓《ひしゃく》にたとえられる北斗七星です。下の三個の星が柄となります。明るさは、真ん中の星が3等でやや暗く、他の六個は2等ですから目立ちます。角度でいえば、北斗七星はおよそ25度の広がりです。図では小さく描いてありますが、実際には、意外に大きなものです。「手のものさし」ですと、腕を伸ばして、いっぱいに広げた手では覆いつくせないほどです。なお、北斗七星は星座名ではなく、おおぐま座の一部です。

・北極星

北斗七星を見つけたら、柄杓の端の二個の星を直線で結び、その直線を5倍ほど延長した場所に2等星が見つかりますが、これが北極星です。

実は、厳密に直線上でもなく、また、ちょうど5倍でもありません。少しずれているのですが、そのあたりでは、北極星が一番明るいので、判断できるでしょう。なお、北極星をはさんで、北斗七星の反対位置には五個の星が

図5-9　北極星の探し方

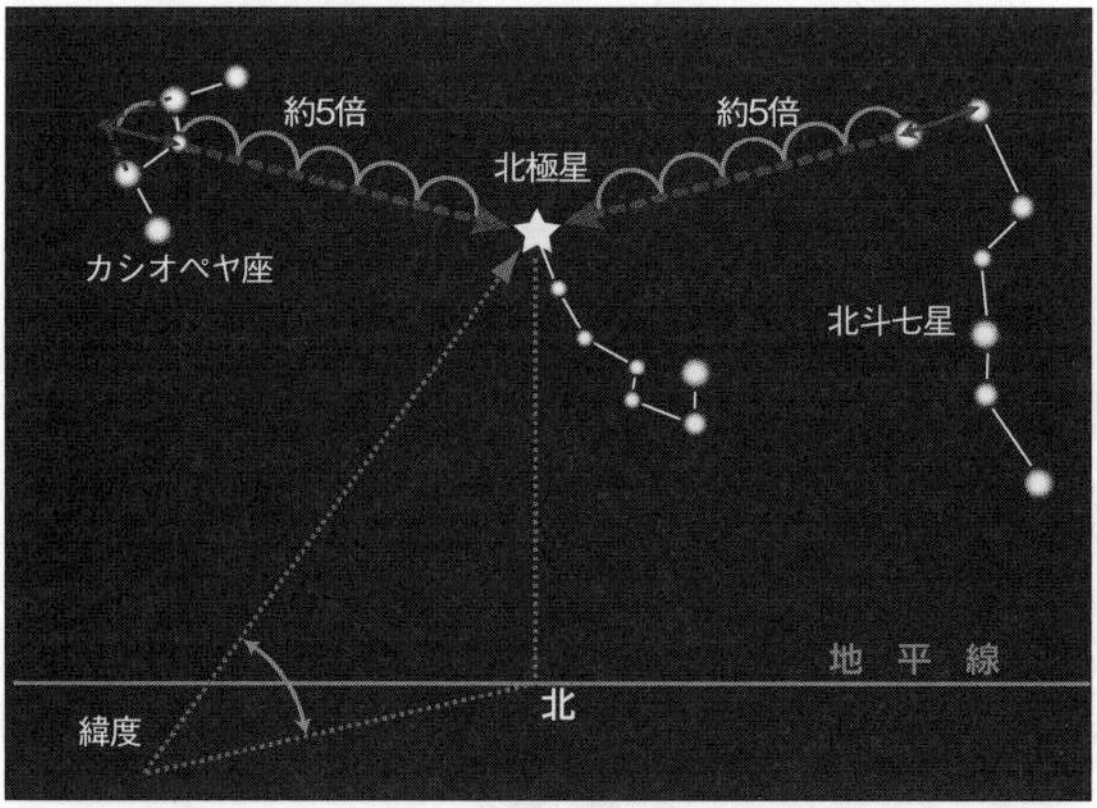

北斗七星とカシオペヤ座から北極星を見つけよう。

見えます。ここがカシオペヤ座で、この星の並びを利用して北極星を探すこともできます。

・春の大曲線

3月から4月に入ると、いよいよ北斗七星は地平線から高く昇ってきます。(*) 北斗七星の柄杓の柄を作る三個の星を外側に延長しましょう。三個の星は少しカーブして並んでいますので、そのカーブのとおりに曲線を考えます。30度ほど（手のものさしでゲンコツ3つ分くらい）伸ばしたところに、一つ明るいオレンジ色の1等星、さらに同じくらい伸ばせば、今度は真珠色の1等星があります。オレンジ色はうしかい座のアークトゥルス、真珠色はおとめ座のスピカです。北斗七星からアークトゥルス、スピカとつながる曲線を「春の大曲線」といいます（図5-10）。よく見るとアークトゥルスはずっと明るく、スピカのほうがやや暗いことに気がつきます。より正確にはアークトゥルスは0・0等星、スピカは1・0等星で、その光量はおよそ2・5倍ほど異なっています。

図5-10　春の大曲線

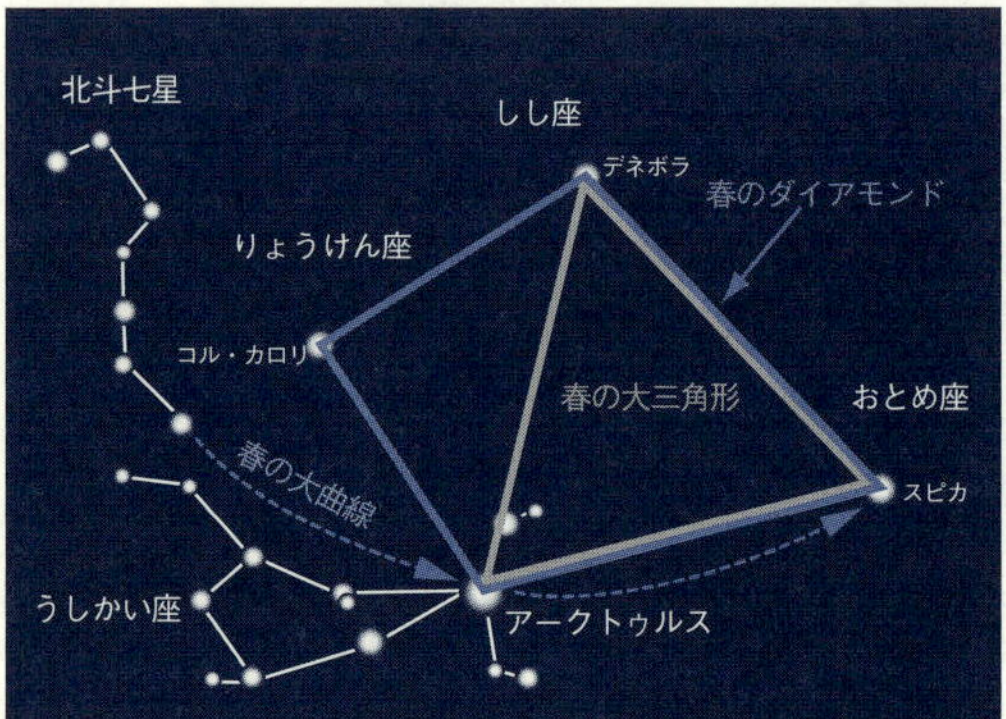

(*) 3月なら21時頃まで待てば同じ状況になります。

さて、ここで北斗七星を探すときにはなかった問題が生じるかもしれません。スピカはレグルスと同じように、黄道からほとんど離れていません。惑星は黄道付近を移動しますから、たまたまこのあたりに惑星があるかもしれません。惑星がこのあたりにあると、上で書いたとおり星が見つからず、惑わされてしまいます。だから惑星というのでしょうが、惑星は星図や星座早見盤には記入されていないのが普通なので困ります。そういうときには、星座早見盤では不十分で、星図をよく見て周りの星の明るさや位置関係を調べたり、惑星の位置を157頁で紹介したやり方で調べておけば判断がつきます。この本を書いている二〇〇七年現在、土星がしし座にあり、やがておとめ座に移動していきますので、実際、このような惑いが生じることになります。

夏の星座

・夏の大三角

夏の星々を覚えるには、少々早い時期の5月か6月から観察をはじめるのがよいでしょう。もちろん、夏の大三角は8月あたりが天頂付近できれいに見えます。5月下旬午後8時頃、東を向いて少し（30度くらい）北寄り高度20度のところに、明るい星が昇ってきています。これがこと座のベガ、つまり七夕伝説のおりひめ星です。明るさは0等で、かなり明るく感じる星です。

そのまま、2時間半ほどすれば、東の方向にもう一つ明るい星（1等星）が昇ってきます。これは、わし座のアルタイル＝ひこ星です。もう一つ、ベガの左下、ベガから約30度離れたところにも1等星が見えます。ベガ、アルタイルに比べると少し暗めです。これは、はくちょう座の1等星で名前はデネブといいます。デネブの右脇あたりにも少し星がありますが、明るいものがデネブです。このベガ、アルタイル、デネブを結んだ三角形を「夏の大三角」といいます（図5－11）。

夏の空を見上げると、まず目立つのがこの夏の大三角を構成する三つの星です。しかし、雲がいくつも浮いていて星が見えかくれするような日もあります。こんなときに星空案内をする場合は、うっかりすると星を取り違えてしまうかもしれません。案内人泣かせの天気というのが、こういった天気です。

夏の大三角の明るい星の周りにある2等星、3等星の並びにも注意しましょう。これは星座早見盤でなく、本や星図を見て調べておきます。ベガの周辺を見ると菱形の

図5-11　夏の大三角

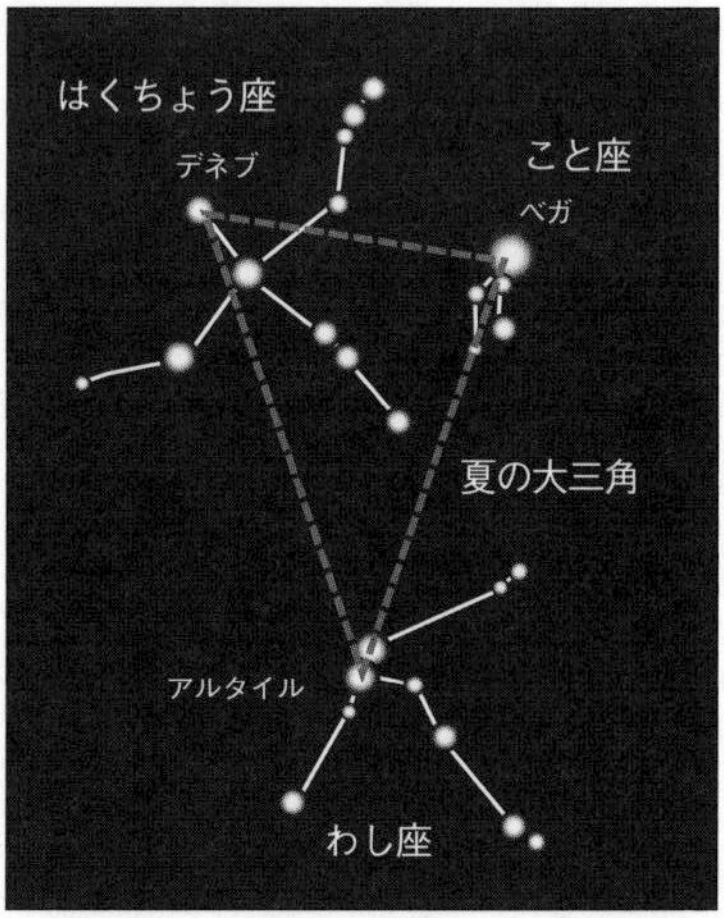

星の並びがあります。星座の名前にもなっている竪琴の本体部分ですね。アルタイルの両脇には一つずつ星が控えていて、ひこ星が飼っていた二匹の牛のようです。デネブをお尻にして大きく翼を広げた白鳥の姿も見つけてください。都会で星が十分に見えなくても、北十字とも呼ばれる十字形は見えるかもしれません。

・さそり座と天の川

夏の南の空にはさそり座が見えています。これも非常にきれいな形をしています。図5－12を参照して探してみましょう。

天の川は、はくちょう座から、こと座とわし座の間を通って、いて座（さそり座のすぐ東側）に向かって流れています。これは、宮沢賢治の銀河鉄道の路線なので、その物語を知っている人は覚えているかもしれません。いつか、天の川のこの流れが見えるような場所で観察したいものです。

図5-12　夏の南の地平線近くの星座

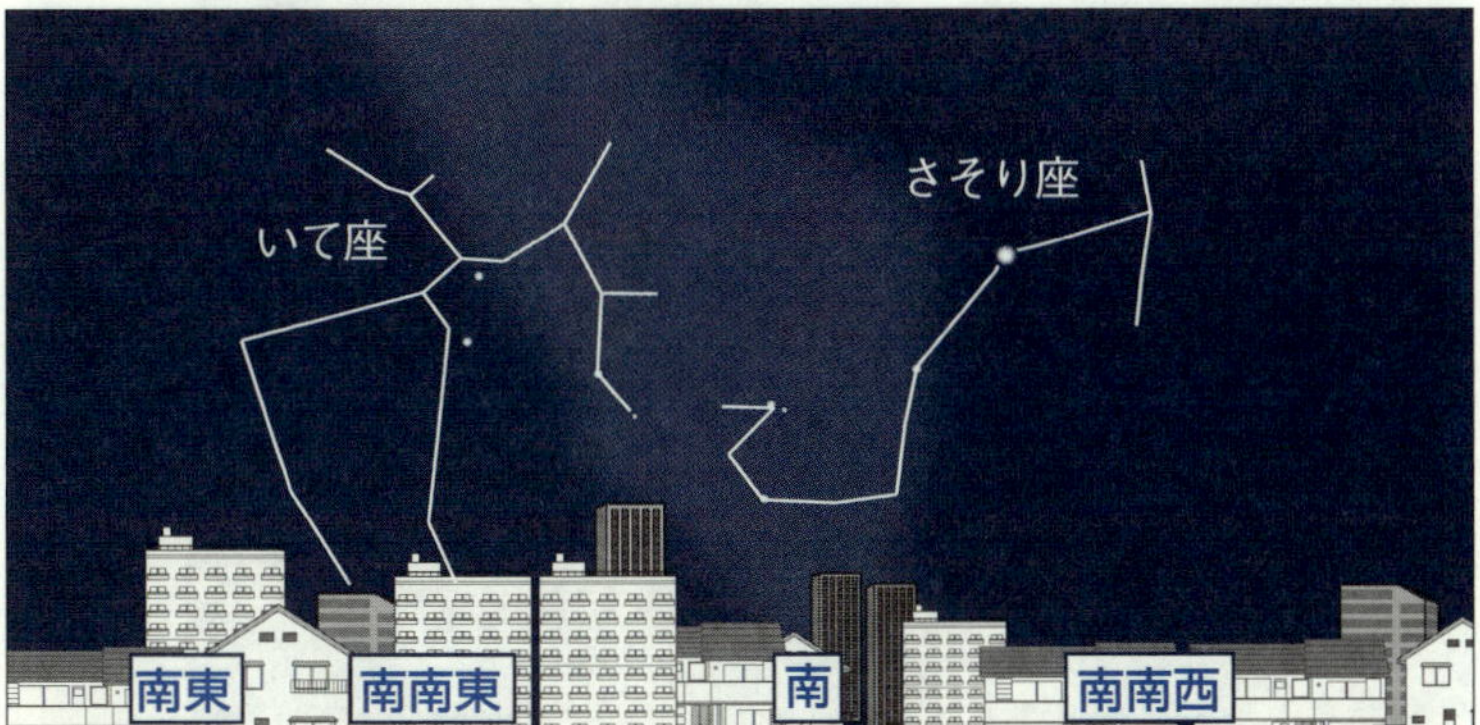

秋の星座

・秋の四角形（四辺形）

10月も終わりの頃、真南の空で高度20度位の低空にポツンと一つ1等星が見えます。これはみなみのうお座のフォーマルハウト、秋の星空のたった一つの1等星です。フォーマルハウトからだんだん上を見上げていくと、高度70度あたりで、2等星と3等星で作る四角形が見つかります。1辺が約10度くらいの正方形に近い形です。ここはペガスス座なので、ペガススの四辺形とか秋の四角形などと呼ばれます。この四角形と北極星の間にWの形をした2等星3等星の集まりがあり、これがカシオペヤ座です（図5-13）。

カシオペヤ座とデネブ、北極星で囲まれる

図5-13　秋の四角形

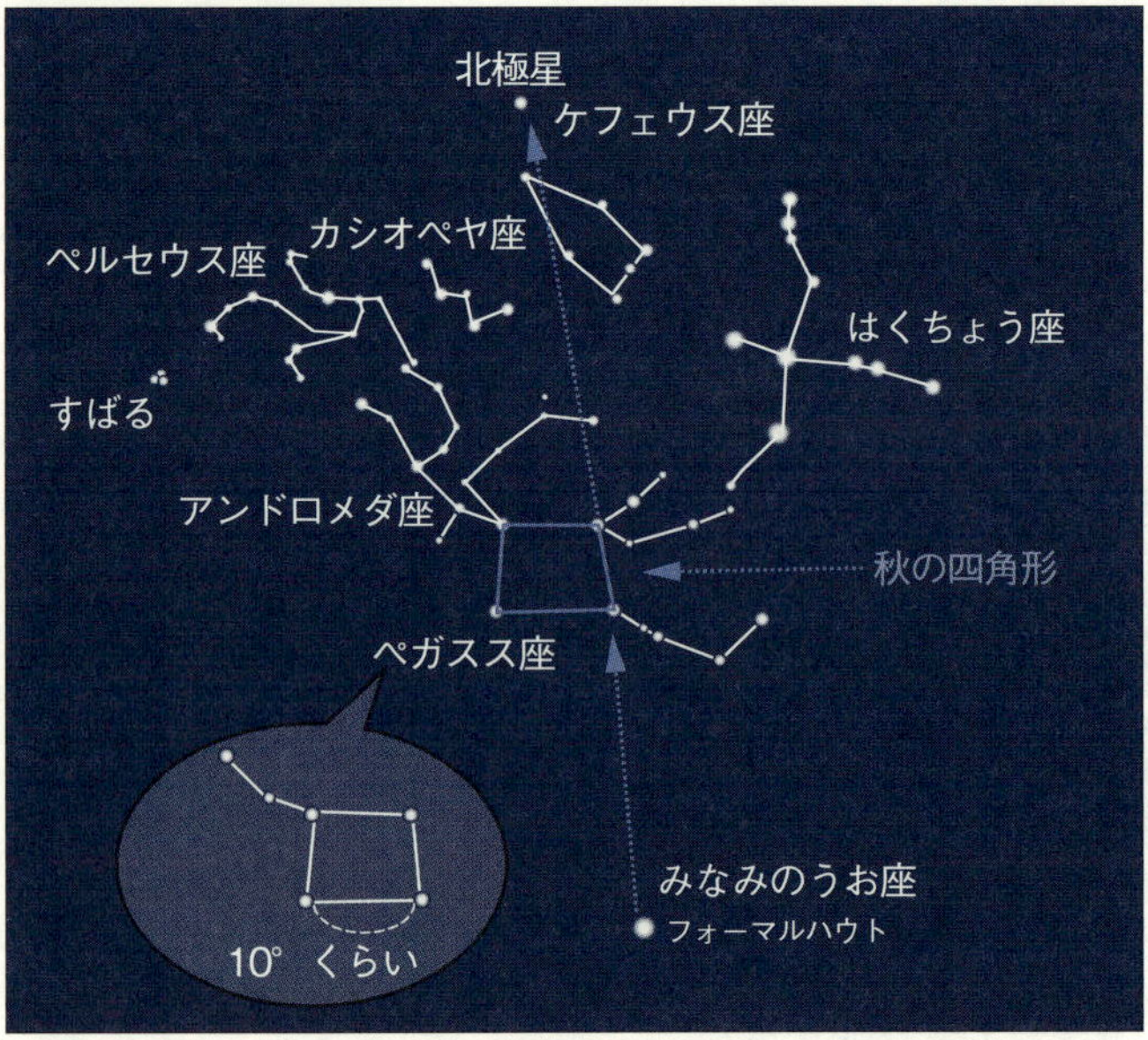

部分がケフェウス座になります。そのケフェウス座とカシオペヤ座をはさんで反対側がペルセウス座です。ペルセウス座と秋の四辺形の間にアンドロメダ座があります。秋は、明るい星が少ないのは残念ですが、何だかそのほうが秋らしい感じもします。

冬の星座

・冬の大三角

冬は明るい星が多く、晴れた夜にはキラキラとまたたき実にきれいです。2月初旬の夜8時頃、南を向いて約50度の高さを見上げると、三個の星が右上から左下へ斜めに連なっているのがわかります。三個の星は2等前後の明るさで、広がりは3度にも足りず、腕を伸ばして指二本で三個とも隠せる程度です。これがオリオンの三つ星で、これを取り巻いて図5-14のような形に四個の明るい星があります。ここがオリオン座です。四個のうち、対角線の位置にあるベテルギウスとリゲルはいずれも1等星です。ベテルギウスは赤い星で、一方、リゲルは青白い星で色は対照的です。

オリオン座が見つかったら、三つ星を東のほうへ延長していくと、とても明るい星が見つかります。これは全天第一の明るさを持つ恒星で、あまり考えもせず1等星といっていますが、本当はもっと明るくてマイナス1・5等です。おおいぬ座のシリウスといいます。ベテルギウスとシリウスを結び、東側に正三角形を考えると、そこにもう一つ明るい星が見つかります。それは、こいぬ座の1等星でプロキオンといいます。この正三角形は大変目立つのでこれを冬の大三角といっています。

・冬のダイアモンド

今度はオリオン座の三つ星をシリウスのときとは逆に、つまり、右上（西）のほうに同じくらい離れると、オレンジ色の1等星が見つかります。これは、おうし座のアルデバランです。この星の周りをよく見ると、Vの字型に星が並んでいるのが見つかるでしょう。光害のひどいところなら低倍率の双眼鏡で確認してみてください。ちょうどおうしの顔になっています。この星の集団はヒヤデス星団と呼ばれる散開星団です。

目をもう一度、冬の大三角に戻します。そして、

図5-14　冬の大三角

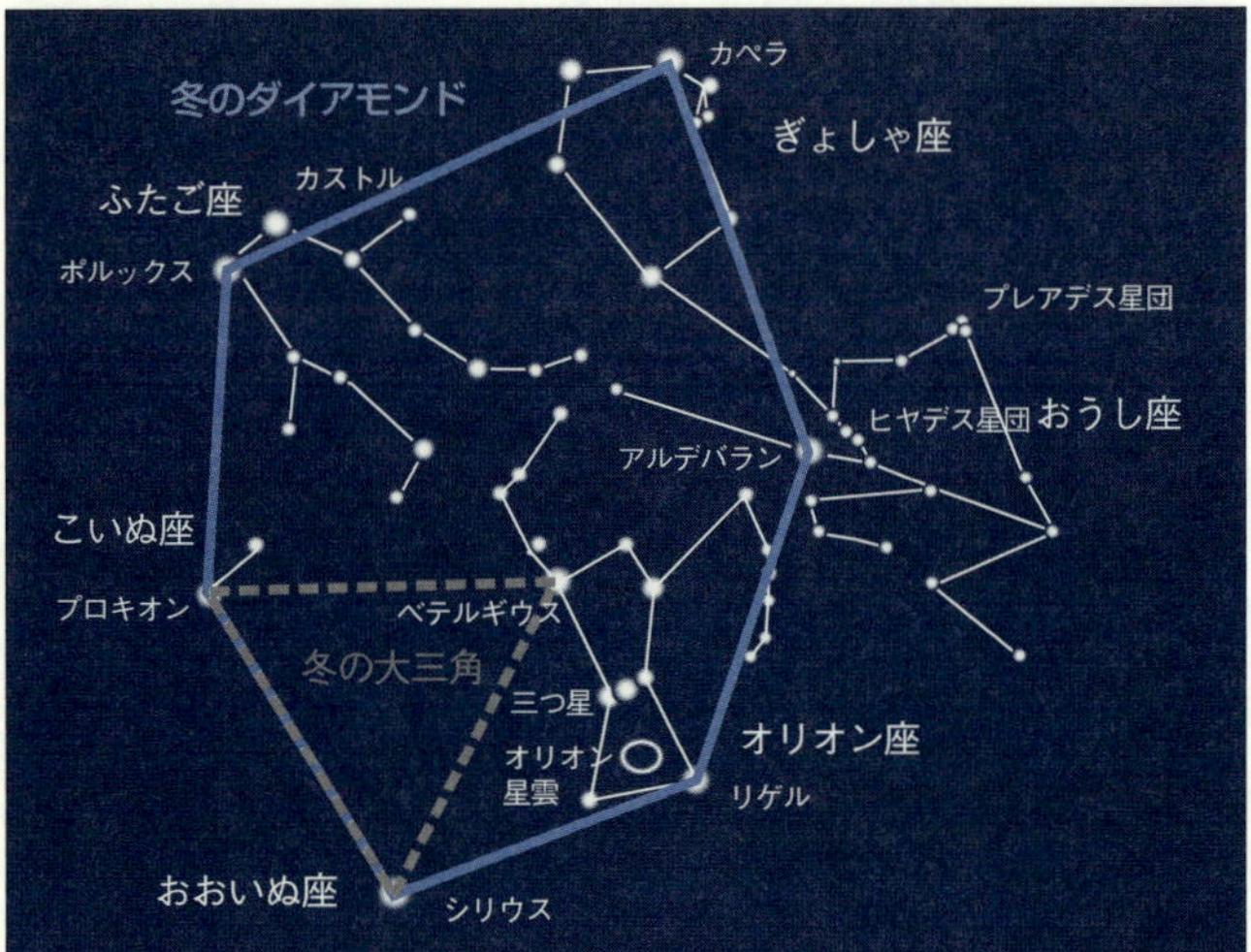

ベテルギウス（オリオンの右肩の赤い星）を中心にして、シリウス、プロキオンとなぞって円を想像してください。この曲線を延長すると、シリウス、プロキオン、ポルックス（ふたご座）、カストル（ふたご座）、カペラ（ぎょしゃ座）、アルデバラン（おうし座）と明るい星をつないで大きな円が描けます。このようにしておもだった冬の星座を見つけることができます。最後の仕上げに、カペラ、ポルックス、プロキオン、シリウス、リゲル、アルデバランの順に六角形を描くと「冬のダイアモンド」の出来上がりです。その宝石の中心にルビーのような赤いベテルギウスが輝いています。

なお、ふたご座のカストルとポルックスはギリシア神話では兄弟、日本では金星・銀星といってやはりペアーで考えています。カストルが兄、ポルックスが弟、カストルは1・6等でやや暗く、ポルックスが1・1等で明るく、カストルのスペクトルはA型で白く、ポルックスはK型で赤みを帯びています。また、カペラは1等星の中では一番北にあるので、午後8時頃に見えている期間は長く、10月から翌年5月まで見えています。

コラム

流星と流星群

夏の夜空、ちょっと上を見上げて、「あぁ星が見えている、何という星かな」と考えていると、ピカーッと光って星が流れる。「あっ流星だ、願い事を――」、なんて思ったとき、もう流星は消えています。流星は夏のものなのでしょうか。実は暗いところで少し長めの時間をとって見上げていれば、季節には関係なく流星は見られます。太陽の周りを回る小さな砂粒のようなものが地球と遭遇して大気圏に突入して光るものです。

こういう流星は、昼夜を問わず落ちてくるのですが、一つ一つの粒が小さくても、地球全体に落ちる量は1日あたり100トンくらいの重さになるといわれます。砂粒というよりも大きな石のようなものが地球大気に突入し、明るく光るものがあります。なかには、燃え尽きずに地面まで落下してくる場合があり、これは隕石と呼ばれます。日本でも、船の甲板に落ちたとか、住宅の二階の屋根を突き破って落ちてきたという話題がありました。これに比べ、星座を形作る恒星は地球からすごく遠いところにありますので、地球に落ちてくることはありません。つまり、今見ていた星座の星が流れたのではないのです。だから、いくら流星がたくさん流れても、星座の形が変わったり、北斗七星が北斗六星になったりはしません。

彗星は太陽の近くにきて明るさが増大し、小さなチリを放出し、そのチリは彗星の通った跡、つまり、彗星の軌道上にたくさんまき散らされます。彗星の軌道と地球の軌道が交わるところに地球がやってくると、まとまって流星が見られることになります。彗星と地球の軌道は決まっていますから、決まった時期に流星が見られるので、これを流星群といいます。また、流星のもととなるチリが地球に突入する方向も定まっています。そのため、流れ星は空のいろいろな場所に現れますが、流れ星の流れた方向を逆にたどって線を引くと、すべての線は一点で交わります。この点を放射点といいます。この放射点がどの星座にあるかで流星群の名前をつけています。たとえば、しし座流星群なら、放射点がしし座にあります。

特に有名なものは、ペルセウス座流星群（放射点がペルセウス座にある）で、毎年8月12日か13日あたりに多く飛びます。しし座流星群は33年ごとに大量に流れるのですが、二〇〇一年のときのすばらしさは記憶に新しいところです。

流星は色・明るさや流れるスピードがそれぞれ違い、また、流れたあとに雲のような痕《こん》を残すものもあります。観察を記録する場合は、1時間あたりの出現数のほかに、出現時刻を一緒に書きとめておけば、立派な資料になります。

表5-1　おもな流星群

群名	出現期間	極大日
しぶんぎ座	1月1日 ～ 5日	1月 3～ 4日
みずがめ座デルタ	7月中旬 ～ 8月中旬	7月28～29日
ペルセウス座	7月25日～8月23日	8月12～13日
オリオン座	10月17日～26日	10月21～23日
しし座	11月14日～20日	11月17～18日
ふたご座	12月7日～18日	12月12～14日
※期間・極大については、年によって少し差の出るときがあります。		

図5-15　流星

山本春代撮影

5-5 月や惑星はどこに見える？

太陽との位置関係で月の形は決まる

与謝蕪村の俳句、「菜の花や月は東に日は西に」では、西に太陽が沈むとともに、180度離れた東に満月が昇ってくる情景が詠まれています。もし、太陽が西に沈むとき、月が南の空に見えたなら、その月は満月でなく、左（東）側が欠けた半月です。このように、太陽との位置関係で月の形が決まってきます。図5-16で示されているように、太陽の光を受けた側が明るく光るためです。

地球の周りを回っている月が太陽と同じ方向にきたときを新月(*)（朔）といいます。このときからの経過日数を月齢としています。平均して約29・5日でまた新月を迎えます。ですから、月齢がおよそ7で上弦（半月）、およそ15で満月、およそ22で下弦（半月）であることがわかります。この間、月は太陽から東に向かって、90度（上弦）、180度（満月）、270度（下弦）、360度（新月）の位置にあります（図5-17）。太陽の位置から測って、1日に約13度東へ移動していることになるので、月の出が毎

(*) 新月については、P.62 参照。

日約50分ずつ遅くなると計算されます。月の形に関しては、月を見たとき太陽が見えなくても太陽がある位置を意識できるようになると、星空案内人としては合格です。

月の欠けている部分は普通は見えないのですが、三日月の頃は、欠けている部分がうっすらと見えます。地球を照らした太陽の光が一部反射して月面を照らします。それで月の欠けている部分が薄く見えるのです。この現象を「地球照」といいます（図5－18）。

内惑星と外惑星で違う動きと見え方

惑星の位置は、星空案内する前に調べておくのが一番です。それでも、惑星の動きについて基本的なことは理解しておきましょう。星座のなかの惑星の動きはゆっくりとしているので、

図5-16　月齢と月の見える位置

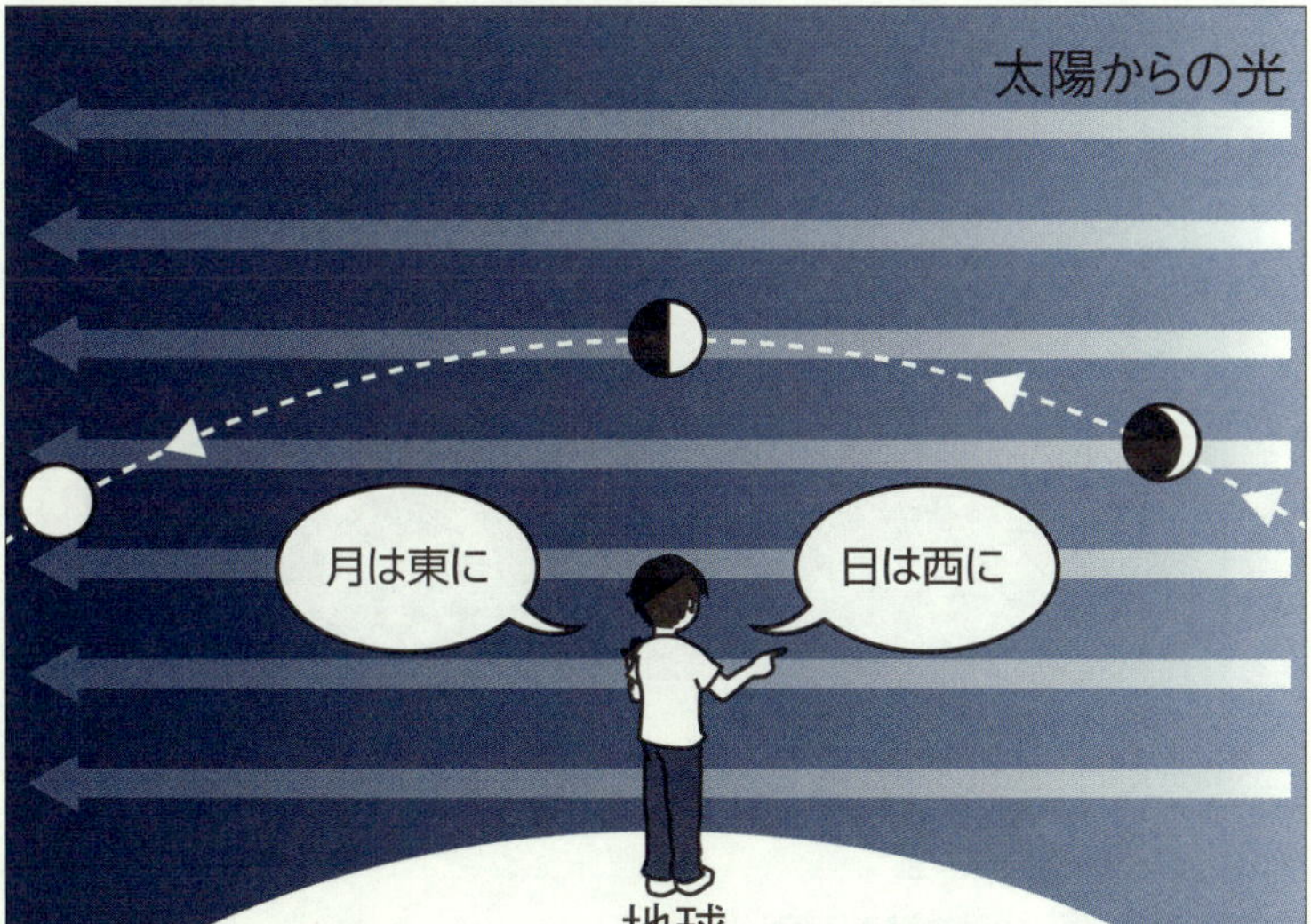

図5-17　太陽の位置と月の形

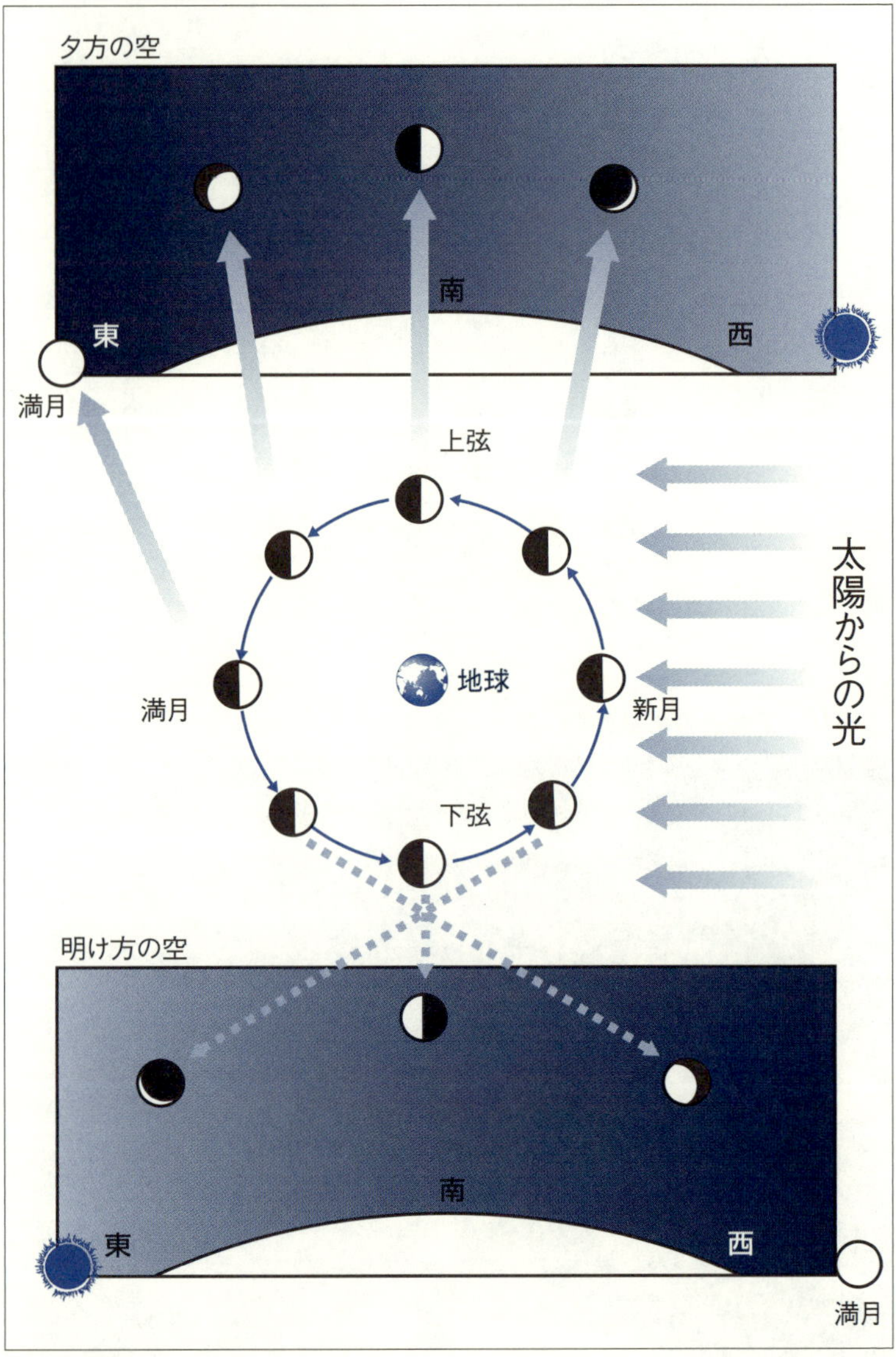

太陽との位置関係で月の形が決まります。

ほぼ恒星と一緒に日周運動します（東から出て西に沈む）。恒星の間のゆっくりとした運動については、地球より内側を公転している水星と金星（内惑星）と、外側を公転している火星、木星、土星などの惑星やその他の小天体（外惑星）に分けて考えるとわかりやすいです。

水星、金星は、地球から見ると図5－19のように太陽の周りを回っていることがよくわかります。太陽から大きく離れることはなく、そのため夕方と朝方に見えます。望遠鏡があれば昼間でも見つけられます。視野

図5-18　地球照

鈴木靜兒撮影

図5-19　内惑星の動き

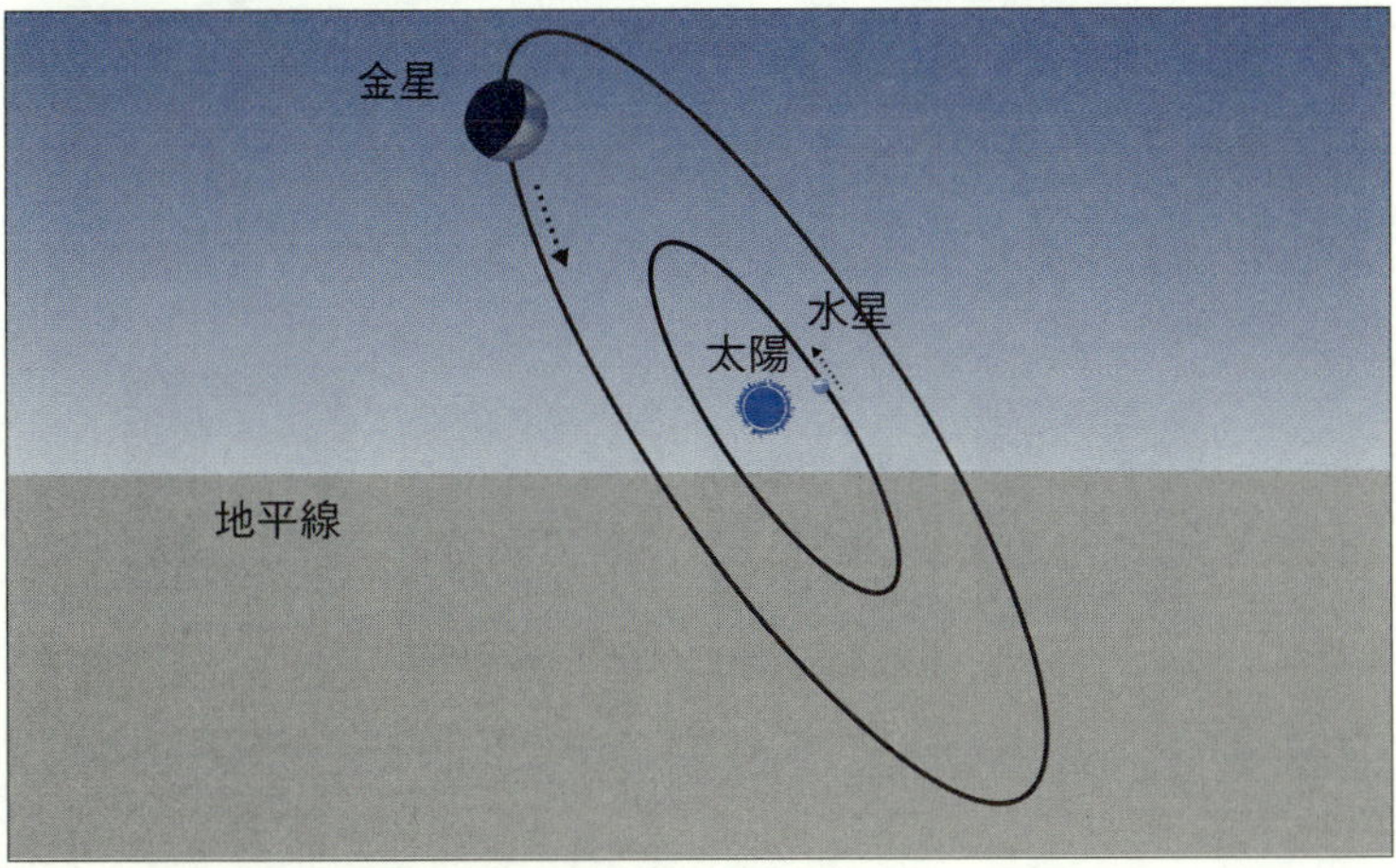

に太陽が入らないよう注意します。

地球よりも外側を回る惑星たちは、地球よりもゆっくりと運動しています（太陽の引力が弱いからです）。昔、占いに使われた程ですから、かなり複雑な運動をしますが（図5－21）、図5－22を使うと自然に理解できます。図5－22上図で地球がA、惑星がaの位置にいるときは、惑星は太陽と同じ方向に見えていて観察は難しいのですが、地球がC'、惑星がc'にあるときは、惑星は太陽と反対側にありますから、太陽が沈む頃に惑星が東の空から昇ってきます。このときは一晩中観測できます。

星座のなかの惑星の運動は、図5－22の上図と下図を比較します。はじめ地球がBのあたりにいるとき、惑星は東に向かって移動していますが、一時的に逆行が起こります。図5

図5-20　内惑星の見え方

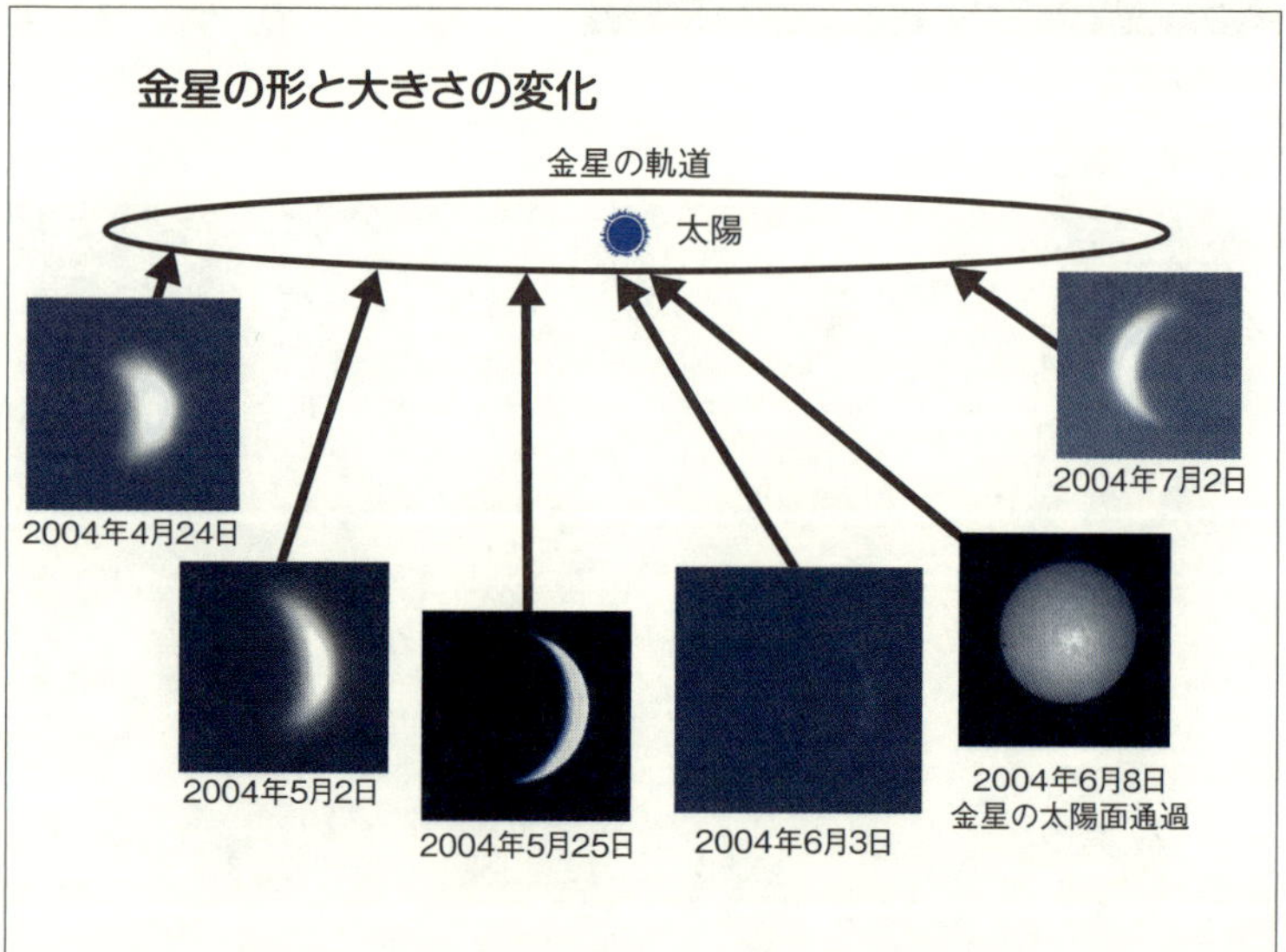

－22上図で、地球がC'で、惑星がc'にあるとき、つまり、地球が惑星を追い越すときに逆行が起こります。これは、図5－22下図で車のなかから自転車を追い越すようすを想像すると合点がいきますね。地球がDに来ると、やがてまた東に向かって移動します。

太陽の周りを回っている惑星や他の太陽系に属する小天体は、ほぼ同じ平面内を回っています。もちろん地球も例外ではありません。そのため、これらの天体はほぼ黄道に沿って運動します。しかし、なかには黄道から大きく離れた位置で動くものもあります。たとえば、オールトの雲からやってきた彗星などがそうです。黄道から大きく離れた彗星を見ると、「この子たちは孤独なんだろうな」なんて考えてしまいます。

惑星も見慣れてくると、明るさと色合いでそれとわかるようになります。火星は名前のとおり赤色をしていますし、木星は金星についで明るく黄白色でどっしりと輝いています。土星は、やや黄褐色でひかえめに輝いています。

図5-21　外惑星の動き（点線）

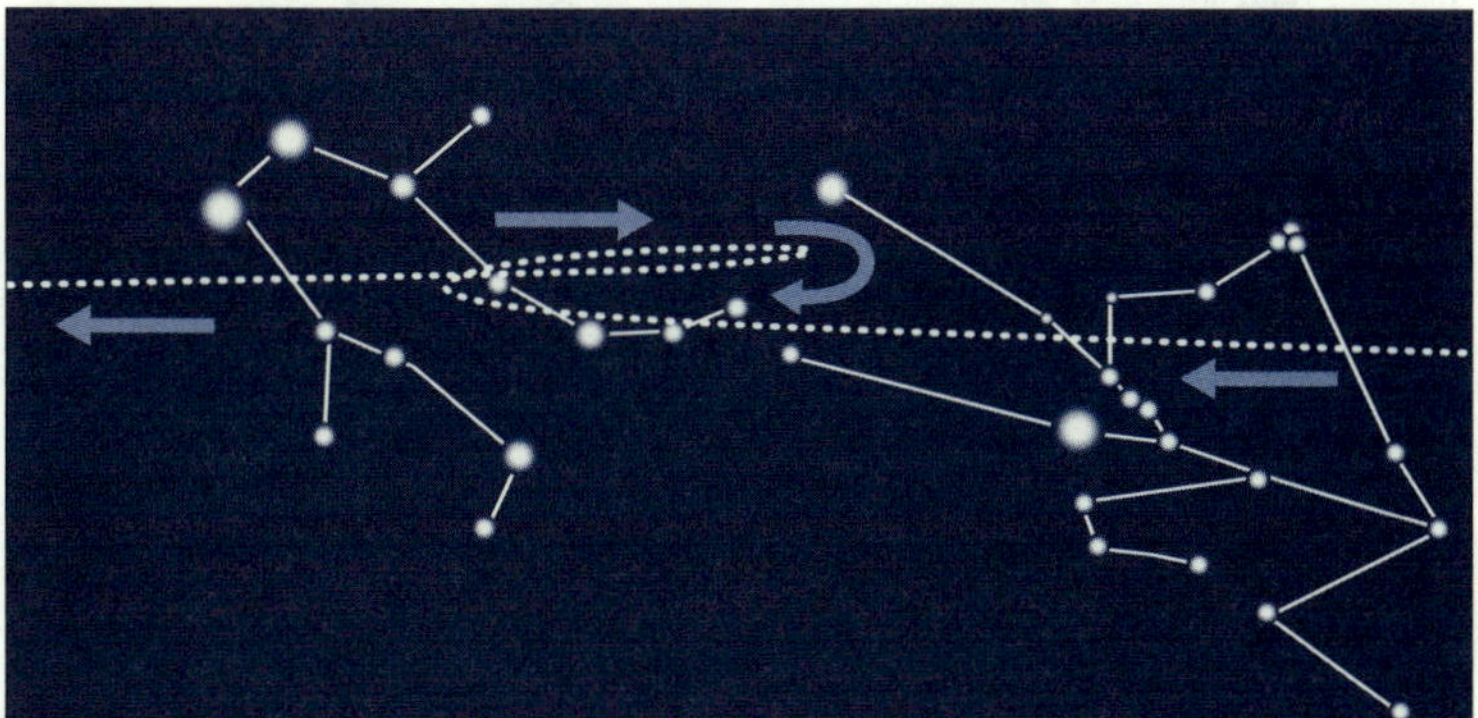

図 5-22　外惑星の運動と見え方

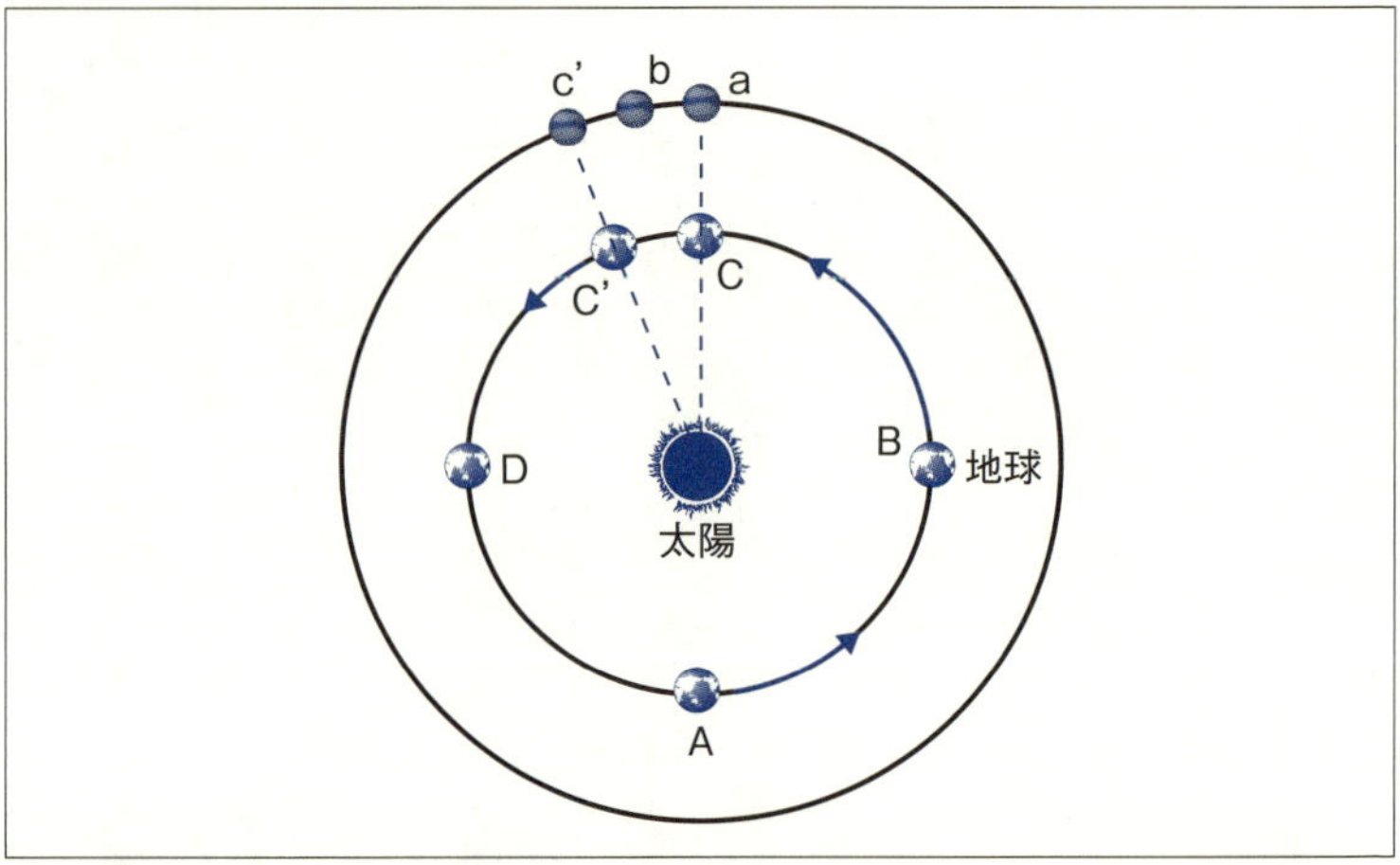

ゆっくり動く外惑星に対し、地球は早く運動します。追い越すとき C' では外惑星は後退するように見えます。

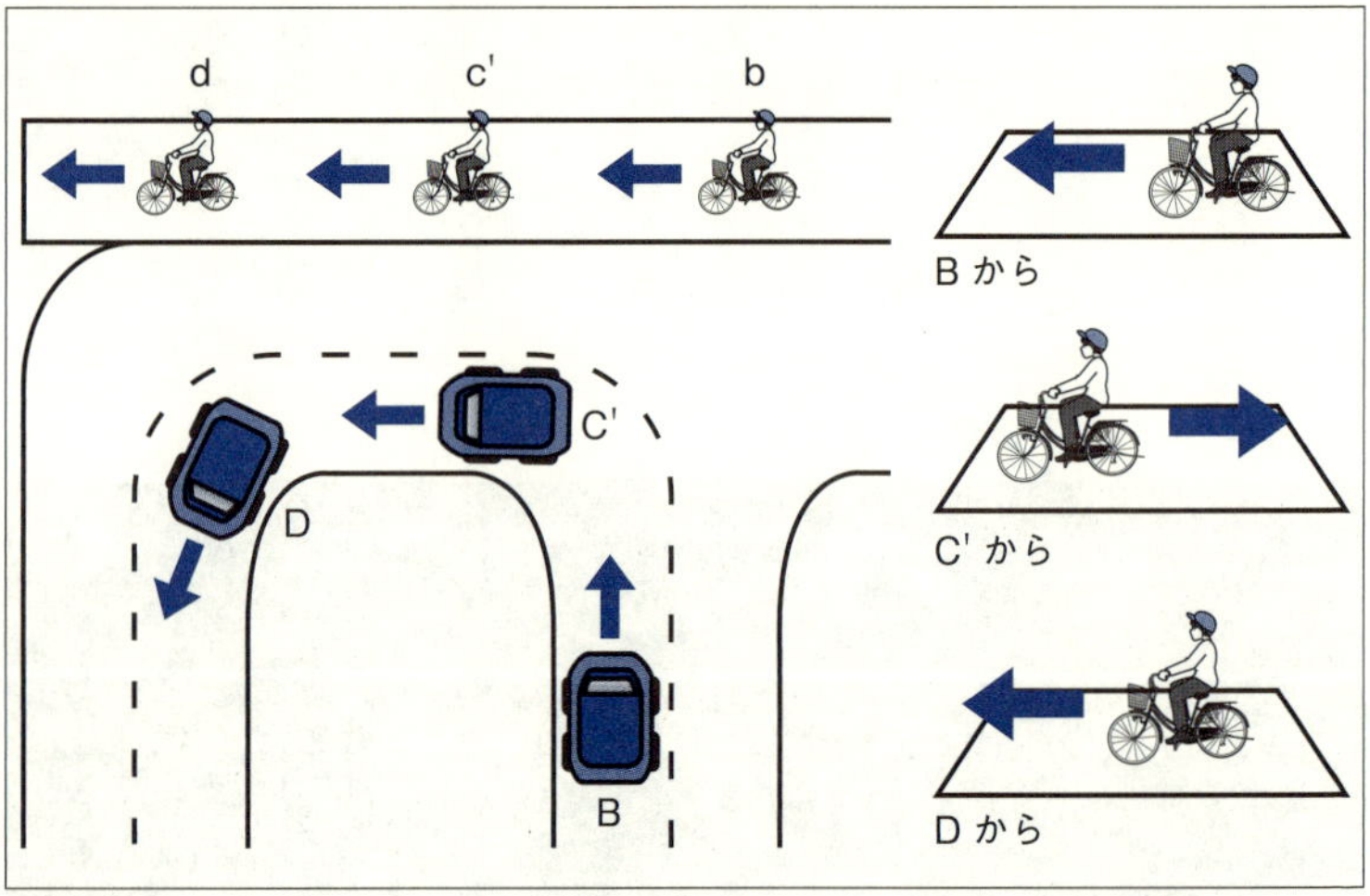

外惑星の見え方は、自転車を追い越してゆく自動車から見える景色に似ています。
B では自転車は左に向かって進んでいることがわかりますが、C' では追い越すので、見た目は自転車は右に動きます。バックして見えます。
D を過ぎる頃は、後部座席から見ることになるのですが、自転車は確かに左に進んでいるとわかるはずです。

5-6 双眼鏡を使う

双眼鏡は、二本の望遠鏡を並べて両眼で見るようにしたものと考えるとよいのですが、片方の眼で見るよりずっと見やすく、天の川・散開星団などを見ると本当にきれいです。星空観察には大変適した道具です。また、淡い尾を持つ彗星観察には威力を発揮します。

どこへでも気軽に持ち運ぶという観点からは小さいほうがよいのですが、暗い天体も見たいとなると大きいものも欲しくなります。そのため、ポケットに入る小さいものから、大型で重量のあるものなど、たくさんの種類があります。選ぶ場合には、目的・使い方・値段等いろいろ考え比較します(*)。おおいに双眼鏡を使ってください。

(*) 双眼鏡の構造や性能については第４章で述べましたので、それを参考にして１つ購入してはどうでしょう。

双眼鏡を使うときの注意

以下に、双眼鏡使用上の留意点を上げておきます。

・太陽や太陽の近くを見ない

誤って太陽を視野に入れると失明するおそれがあります。決して太陽やその近くに向けないでください。

・**眼巾の調節**

のぞくところは二箇所ありますが、この間隔を自分の眼巾に合わせます。合わせ方は、のぞきながら、中央部を折り曲げ、両方の眼で見えている視野が一つの円になるようにします。

・**ピントの調節**

ピントは、明るい星や月を利用して、のぞきながら一番はっきり見えるように合わせます。小型の双眼鏡は、たいてい真ん中の軸の一箇所に調節機能として、ピントリングがついているので、はじめに左目にピントを合わせます。次に右側の接眼レンズのリングを回して、右目のピントを合わせます。

・**手ブレ防止**

図5-23　手ブレ防止には双眼鏡にも三脚を

手持ちで長い時間頭上を見上げていると、意外に重く大変です。さらに手ブレがひどくなってきます。そこで、できるだけ三脚使用をおすすめします。手持ちで見るのと全然違います。取り付けアダプターは市販されています。三脚を使わないときは、寄りかかれるものを背もたれがわりに使ったり、低いフェンスなどに腕をのせて見るなど工夫してみます。

5-7 ちょっと欲がでると見たくなる星々

星に興味を持ってくると、人工の光から避難して、星が沢山見えるところで、星座や星団、星雲などを見たくなってきます。しかし、今は都会化が進み、いたるところ街灯や人家の明かり、スポーツ施設や高速道路の強力な照明など人工の光があふれ、また空気のにごりも増してきて、暗い星まできれいに見るのはなかなか大変です。それに天気がよくても月明かりが邪魔になったり、観察中に雲がやってきたりなどして、きれいな星空を見る機会はさらに制限されます。満天の星空を見るのは非常に贅沢な経験になってしまいました。

それでも星空を見る経験が増えてくると、星空案内の基本となる1等星を中心とした星座散歩では物足りなくなってくるでしょう。ちょっと、欲を出して、変わった星を見たくなるでしょう。そのような星のうちで肉眼や小さな双眼鏡でも見つけることのできるものを紹介します。

二重星

二つの星がごく接近していて、一つの星のように見えるものを二重星といいます。明るさが同じで並んでいる星、明るさが大きく違うが親子のように連れだっている星、そして色の違う星が寄り添ったように輝く星など、その美しさは、いつ見ても飽きないものです。

北斗七星のひしゃくの柄の端から二番目の星はミザールといい、有名な肉眼二重星です。つまり、肉眼でも目のよい人なら二つの星であることが見抜けます。双眼鏡があれば楽に分離してみえるでしょう。(＊1)

散開星団

星団は、たくさんの星が一箇所に集まって見えるものをいいます。星々が球形に集まっているものを球状星団といい、星々がまばらに集まっているものを散開星団といいます。(＊2) 球状星団はいずれも見かけの大きさが小さい

図5-24　二重星

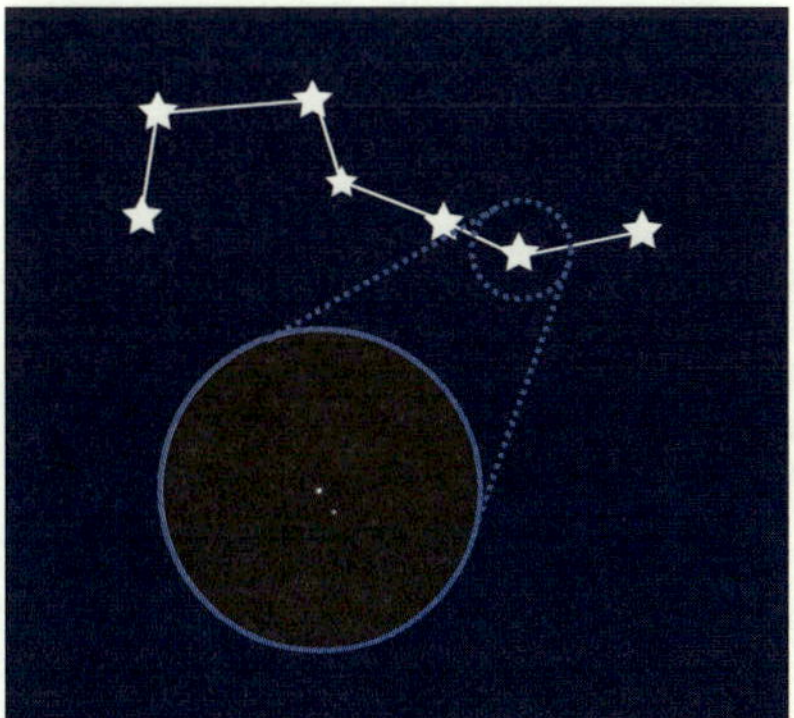

北斗七星の２番目の星、２等星のミザールのごくそばに４等星の星、アルコルがくっついて見えます。

(＊1) 次の章では望遠鏡で見るときれいな二重星も紹介します。

(＊2) 球状星団についてはP.106、散開星団についてはP.96 を参照。

ので望遠鏡のほうがよく見えるでしょう。ここでは、非常に条件がよいとき肉眼でも見えて、双眼鏡できれいな散開星団を三つ上げたいと思います。

・プレセペ星団

一つは、かに座にあるプレセペ星団（M44）です。かに座は、ふたご座のポルックスとしし座のレグルスを結んだ線上の半分ぐらいのところにある目立たない星座です。M44を探すには、まず、こいぬ座のプロキオンから天頂に向けて「こぶし」二つ強のところにふたご座のポルックスを見つけ、次に、ポルックスを基準に「手のものさし」を使って右手でパーを作り、「小指」の位置をポルックスに合わせ、しし座のレグルス方向に「人さし指」を向けると、その指先はM44付近を指しています。双眼鏡で見ると、四個の星で作る台形があり、その中心にM44が見えます。望遠鏡を使うと、黄色やオレンジ色の星もまじり合い、にぎやかな星団です。

・プレアデス星団

二つ目は、肉眼でもしっかり見える散開星団、プレアデス星団です。日本名は「すばる」です。清少納言の『枕草子』には、「星はすばる」として、美しい星の筆頭に挙げられています（口絵参照）。

ペルセウス座がわかれば、ペルセウス座の「入」という字を裏返した恰好の星の並

図5-25　プレセペ星団（かに座にある散開星団 M44）

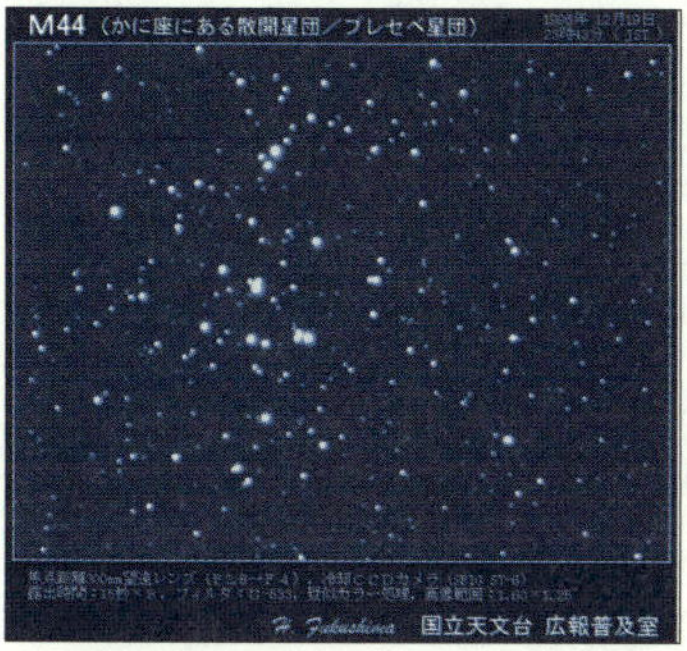

国立天文台提供

図5-26　プレセペ星団の見つけ方

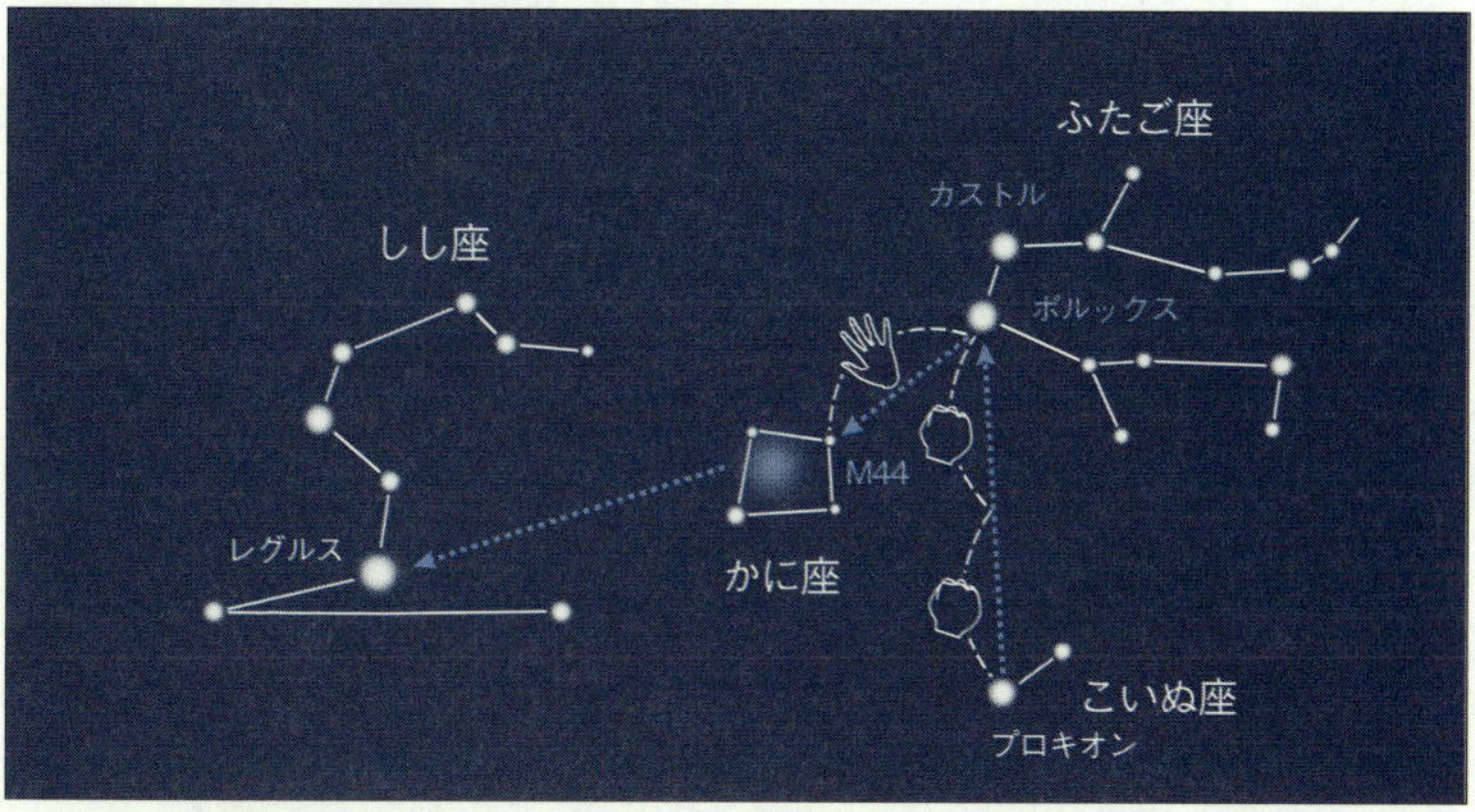

ポルックスに右手の小指を合わせて、レグルスの方向へ人差し指を向けると、指先にプレセペ星団（M44）があります。

びを東に自然に延長すると見つかります。あるいは、オリオン座の三つ星の並びを西に伸ばすとオレンジ色した1等星アルデバランにぶつかりますが、そこからさらに西にゲンコツ一つ分くらいのところに見つかります。ところで、アルデバランの周りにあるVの字形の星の並びに気がつくと思います。牡牛の顔にあたる部分です。これも、まばらですが、散開星団で、ヒアデスと呼ばれます。

・二重星団

三つ目の散開星団は肉眼で見るにはなかなか苦労ですが、ペルセウス座にある二重星団というのがあります。散開星団が二つ並んでいるので二重星団といわれるのですが、名前はペルセウス座h－χ（エイチとカイ）です。西側の星団がhで細い星粒が集中しています。カシオペヤ座から探します（図5－27）。

オリオン星雲

オリオン座の真ん中に三つ星が並んでいますが、そのすぐ南側に（図5－14）小さくまとまった星の集団が見えるでしょう。三つの星が目立つので、小三つ星と呼ばれます。この小三つ星の中央に見える、ぼうっと光る天体がオリオン座の大星雲です。この星雲のなかでは星が誕生しています。(*) 望遠鏡を使うと星雲の形も楽しめます。

アンドロメダ銀河

銀河は雲のように淡く広がって見えるのですが、星雲と違って雲のようなガスでなく、星やガスの大集団です。銀河は非常に遠くにあって光が淡くて観察は難しいです。それでも肉眼で存在がわかる銀河として、アンドロメダ銀河があります。秋の大四角形から図5-28をたよりに探すことができます。双眼鏡で見ると、何となく細長い雲状のようすがわかります。数千億個の恒星が集まって二三〇万光年のかなたで光っていると思うと、宇宙の広大さ、それを調べ上げている人智のすばらしさが感じられます。

(＊) 星の誕生については、P.111「3-6 天体の形成」参照。

図5-27 ペルセウス座 h - χの探し方

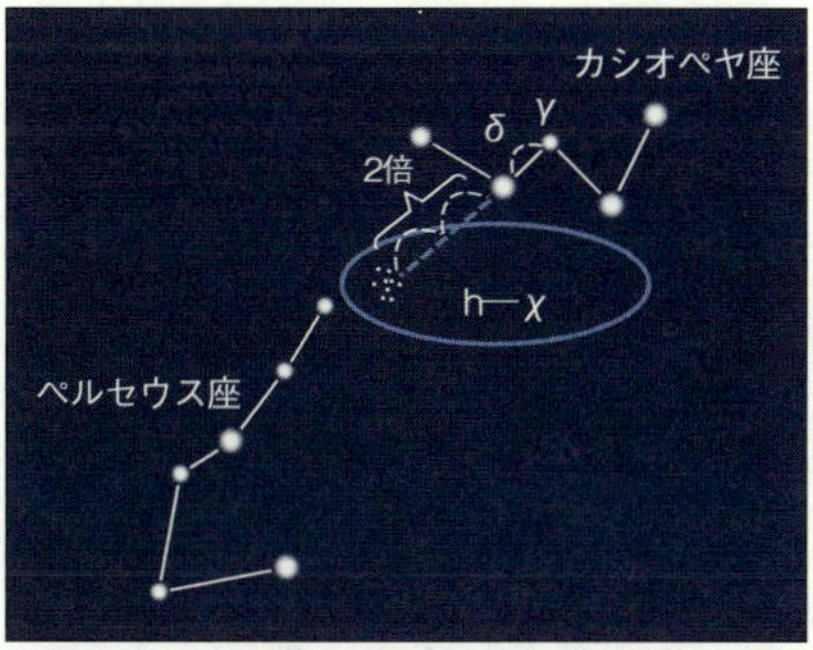

カシオペヤ座の真中にあるγ星とδ星の間隔をδ側に2倍伸ばしたところに見えます。

図5-28 アンドロメダ銀河の探し方

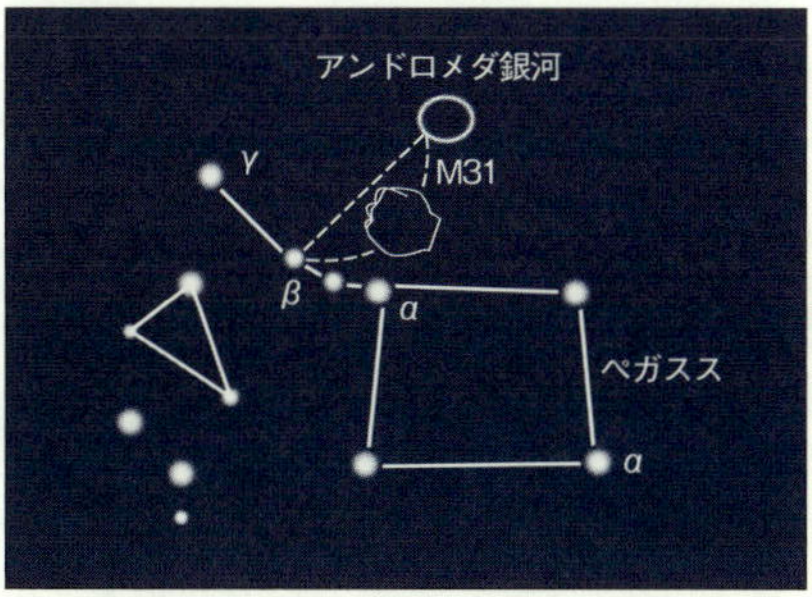

アンドロメダ座のα星から弓状にのびる星のならびの3個目（β星）で、北に向かって直角に折れ曲がり、こぶし1つ分行ったところに茫洋とした光が見つかります。双眼鏡なら確実です。

星空案内人認定試験模擬問題

実際にはこの科目の単位認定は野外で本物の星空を用いて試験を行います。参考のために例を示しましょう。

問１　ポインターを使うなどして、以下から１つ以上の項目について大きな声ではっきりと名前を言いながら指し示してください。

・天の川

・春の大曲線を指し、関係する１等星の名前を言う。

・夏の大三角を指し、関係する１等星の名前を言う。

・冬の大三角を指し、関係する１等星の名前を言う。

※天の川については、実際に見えなくても、条件がよければこのように流れているはずである、と指せればよい。

問２　ポインターなどを使って、以下から星座を選んで指し示してください。

・グループ１

（おおぐま　うしかい　かんむり　しし　おとめ）

・グループ２

（はくちょう　こと　ヘルクレス　わし　さそり　いて）

・グループ３

（ケフェウス　カシオペヤ　ペルセウス　アンドロメダ　ペガスス）

・グループ４

（ぎょしゃ　ふたご　おうし　オリオン　おおいぬ）

問３　金星・火星・木星・土星のうちで、今夜（夕方から夜半までくらいを考えて）見えるものの名称を言い、現在見えているものがあればそれを指してください。見えるものがないときは「ない」と答えてください。

第6章 望遠鏡を使ってみよう

6-1 いろいろなタイプの望遠鏡

望遠鏡と一言でいっても、形はいろいろあります。「望遠鏡」という言葉を聞いてぱっと思い浮かべるような形のものだったり、写真撮影に特化したもので、目でのぞく部分がないものまであります。ここでは、はじめて望遠鏡を持つとき手に入れやすい望遠鏡について、写真をもとに説明していきます。

屈折経緯台式望遠鏡

図6-1を見てください。いかにも望遠鏡といった感じの形です。この写真の望遠鏡は形式でいうと「屈折経緯台式望遠鏡（屈折経緯台）」になります。(*) 望遠鏡本体（鏡筒）とそれを支える架台は、分けて考えることができるので、以下にそれぞれに分けて説明します。

屈折望遠鏡は筒先からのぞく場所（接眼レンズのあるところ）に向かうに従って細くなる望遠鏡らしい形です。多くの家庭に眠っている望遠鏡もおそらくこの形をしていると思います。私の家にも眠っていました（笑）。屈折望遠鏡は、星からの光を集

(*) 望遠鏡の種類については、P.126「4-3　望遠鏡の種類」も参照。

めるためのレンズが先のほうにあり、光を屈折させて一箇所に光を集めるので、見る部分に近づくに従って細くなるのですね。

屈折望遠鏡の特徴は、何といっても扱いやすさにあります。後述する反射望遠鏡に比べ、おかしくなったり調整しなければならなくなる部分が少なく、使っているうちに見えなくなったりすることが少ないのです。ただし作るのにコストがかかるのか、反射望遠鏡に比べ比較的値段が張ることが多いようです。

経緯台は、望遠鏡を上下左右に動かすことによって星をねらうタイプの架台です。経緯台の使い方は、基本的にはカメラなどで用いる三脚と一緒で、非常に直感的です。カメラの三脚を経緯台代わりに使う小口径の手作り望遠鏡もあるくらいです。カメラに比べて重たい望遠鏡を乗せるためにがっしりしていることと、微調整するために微動装置がついているところが違いとして挙げられます。

特徴としては、やはり直感的で扱いやすい点が一番に挙げられます。動き方がイメージしやすいため、

図6-1　屈折望遠鏡

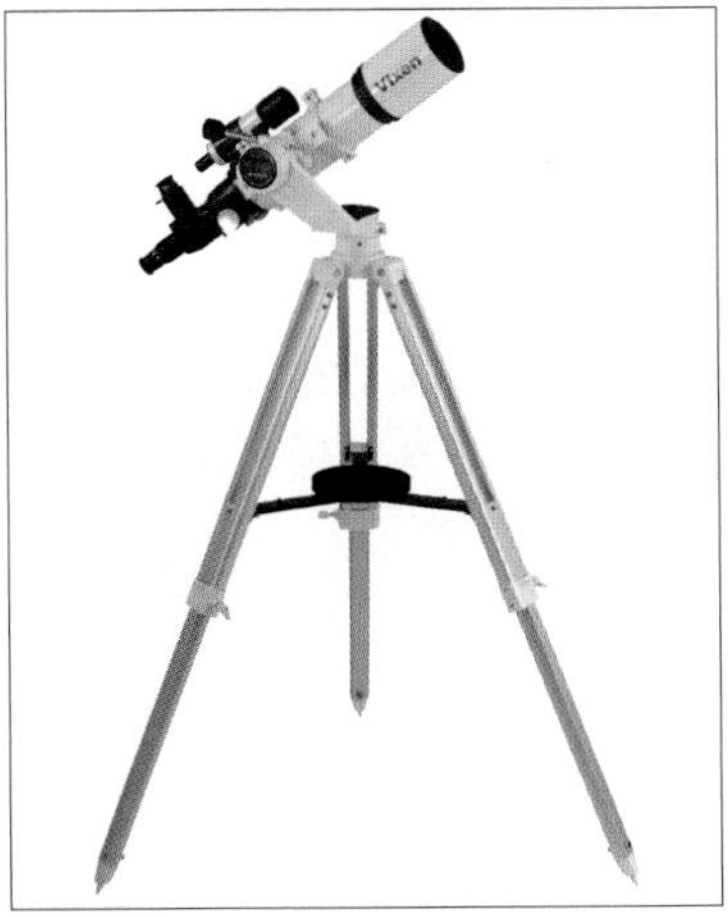

ポルタ ED80Sf　ビクセン提供

全く望遠鏡を触ったことがない人でも10分くらいいじっていれば何となく動きがつかめるようになると思います。欠点としては、後述する赤道儀に比べ星を追いかけるのが面倒なことです。

また、このタイプの望遠鏡は非常に安く売られていることが多いのですが、それらのなかには星がよく見えないものが含まれていたりするので、気をつけてください。

反射赤道儀式望遠鏡

図6-2を見てください。図6-1と比べあまり見慣れない形かもしれません。この写真の望遠鏡は形式でいうと「反射赤道儀式望遠鏡（反射赤道儀）」です。

反射望遠鏡は円筒形をしています。反射望遠鏡は星からの光を集めるために底に鏡があり、その鏡で反射することによって一箇所に光を集めるので、望遠鏡の先から底まで同じ太さなのです。見る部分は反射望遠鏡のタイプによって望遠鏡の先のほうにあったり、屈折望遠鏡のように筒の底にあったりとバリエーションがあります。

反射望遠鏡の特徴としては、安価なことが一番に挙げられます。同じ口径の屈折望遠鏡と比べるとほとんどの場合安く、屈折望遠鏡だと新車が一台買えるような値段の口径のものが、反射望遠鏡だと20万程度で売られていることさえあります。また、屈折望遠鏡に比べ軽量であることが多いです。ただし屈折望遠鏡に比べてデリケートで、使っているうちに鏡が汚れてきたり位置がずれたりしてしまい、専門の人でないとなかなかできない調整作業が必要になることもあります。また、屈折望遠鏡に比べて大気などの条件に左右されやすいです。

赤道儀は、経緯台と比べるとちょっと特殊な動き方をする架台です。星は時間がたつにつれて天の北極（≒北極星）を中心に動くことは第1章で習いましたが、赤道儀ではこの動きを一つの軸の周りの回転だけで追いかけられるような仕組みになっています。天体の観測に特化した架台といえます。

このような仕組みを実現するために、赤道儀では極軸と呼ばれる軸を天の北極に向ける必要があります。経緯台の左右に回る軸（垂直に立っている軸）を斜めに傾けて天の北極に向けたものは赤道儀(*)になります。また、写真のようなドイツ式赤道儀と呼ばれるタイプではバランスを取るためのウェイト（おもり）があるので、全体の重量が重くなります。

図6-2　反射赤道儀式望遠鏡

ε-180ED　高橋製作所提供

(*) 経緯台式望遠鏡を傾けて赤道儀として使える製品も実際にあります。

赤道儀の特徴は、前述の通り星の動きを簡単に追いかけられることです。写真撮影などするときは赤道儀でないと厳しいです。その仕組みから非常に取っつきにくいので、はじめのうちはなかなかなじめないと思います。とはいっても、観察会などでたくさんのお客さまに星を見せるときには、二、三人ごとに微調整をして日周運動を追いかけなければいけませんので、赤道儀が威力を発揮します。星空案内人としては、赤道儀の使い方をぜひ覚えておきたいものです。

6-2 星にねらいを

望遠鏡操作の流れ

望遠鏡で星を見よう！と思っても、はじめのうちはなかなか思うようにいかないものです。じっくりとあせらず操作を身につけていきます。ここでは望遠鏡を使う上での基本的な流れを説明していきます。星をとらえる（導入）までの基本的な流れは、自動導入でない望遠鏡なら、すべて以下のようになります。

①望遠鏡を組み立ててしっかりと据え付ける（設置）
②クランプをゆるめ、ファインダーに対象の星をとらえ、クランプを締める（粗動）
③微動装置を操作して、望遠鏡の中心に対象の星をとらえる（微動導入）

設置・粗動・微動、の三ステップを心に刻みます。

以下では、屈折式望遠鏡を乗せた経緯台（屈折経緯台）の場合と、同じ望遠鏡を赤道儀に乗せた場合（屈折赤道儀）とについて手順を説明します。反射望遠鏡の場合でも接眼レンズやファインダーの位置は違いますが、基本的なことは同じです。

望遠鏡を設置する

まずは望遠鏡を組み立て、設置しましょう。水平でしっかりした足場が望ましいです。組み立て方は望遠鏡によってまちまちなのでここでは省きますが、取り付けるアイピース（接眼レンズ）は最も倍率が低くなるように焦点距離の長いものをつけてください。アイピースには必ず「25mm」のように焦点距離の表示があるので、その数字の大きいものを取り付けます。

ファインダーはあらかじめ昼間に合わせておきます。夜に合わせるのは難しいです。備えあれば憂いなしです。ファインダーに限らず、昼間にいろいろ動かしてみることは重要です。点検の意味もありますから、熟練しても昼間に設置してみることは必要です。

赤道儀の場合、設置するのに決まった向きがあります。極軸が天の北極（およそ北極星の方向）を向くように置いてください。極軸についている高度目盛を自分のいる場所の緯度に合わせておけば（これも昼間にする仕事ですね）、あとは真北に向けるだけで構いません。(*)

自分のいる場所の緯度を知りたい場合は、地図で調べます。最近は、インターネッ

(*) 北極星が見えるなら、北極星がある方向に極軸を向けましょう。方位磁針で合わせる場合は、方位磁針が示す真北の方向から東に7度ほどずらしたところが真北です。

ト上の地図サイトで調べることもできます。また、GPS機能のついた携帯電話などで現在地確認をすると、現在いる地点の経度、緯度が表示されます。

ファインダーに星をとらえる（粗動）

望遠鏡を設置したら、いよいよ目的の天体をねらいます。といっても、まずは、肉眼で簡単にそれとわかる1等星をまず目標にします。低倍率といっても望遠鏡の倍率は高く、とても一発でとらえることはできないので、最初はファインダーに星をとらえます。

ここでは経緯台・赤道儀どちらも操作が同じで、クランプをゆるめファインダーをのぞき込みながら望遠鏡を動かし、明るい星をファインダーのなかにとらえます。とらえたら、望遠鏡を動かさないように気をつけ

図6-3　望遠鏡の設置

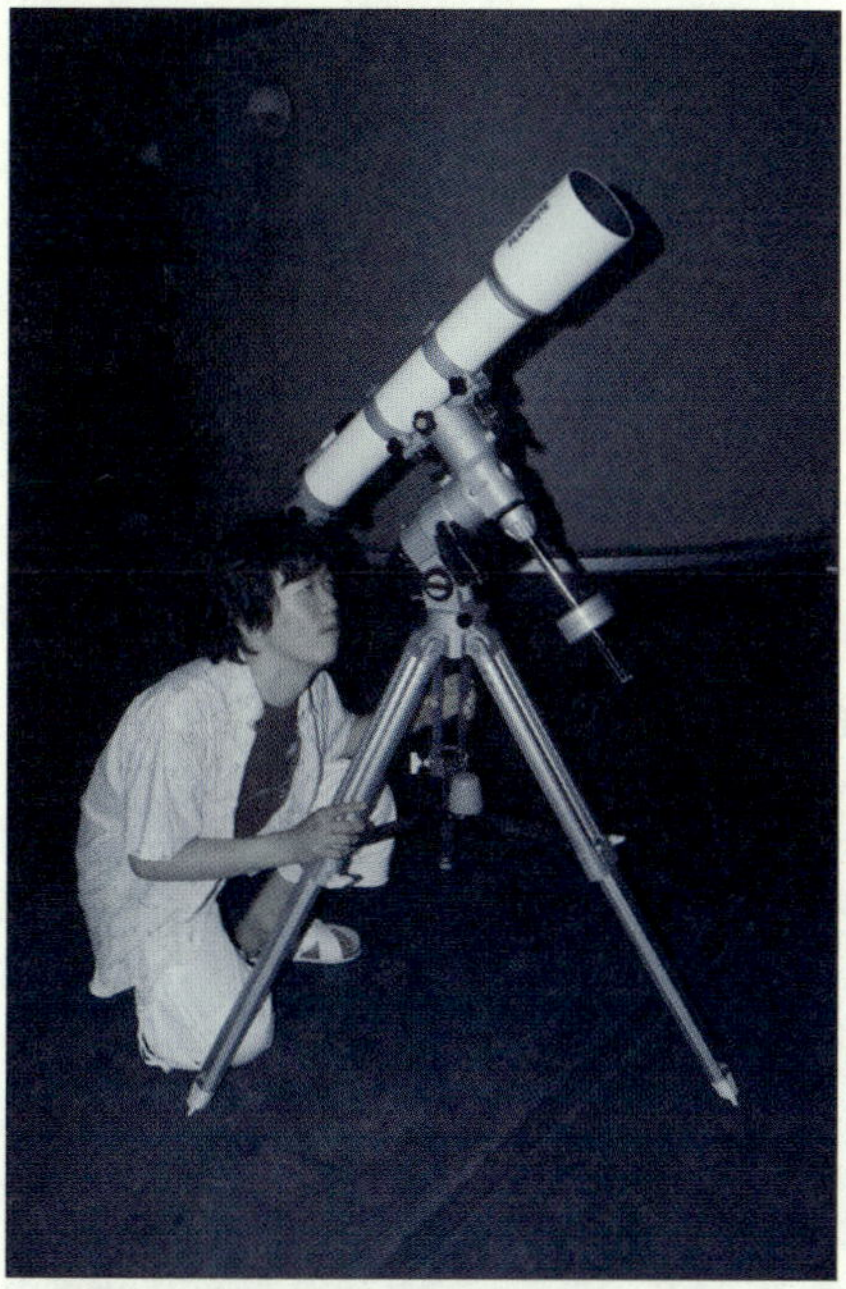

赤道儀では極軸を真北に向けます。

ながらクランプを締めます。このとき、対象の星はファインダーのなかにさえ見えていれば真ん中でなくても構いません。クランプは二つの軸について同時に締める必要はありません。また、片方ずつ交互に締めては動かすという動作をしたほうがよいかもしれません。

赤道儀では、バランスが悪いと思い通りに動かすのが困難になります。クランプをゆるめたときに一方向が重い、つまり、バランスがよくない状態ではいけません。バランスの調整も昼間に行う作業ですね。

微動装置を使って望遠鏡に星をとらえる（導入）

ファインダーのなかに星をとらえたら、いよいよ望遠鏡本体に星をとらえます。

まず、微動調整のためのノブを回して、ファインダーの真ん中に目的の星がくるようにします。はじめは微動装置をどちらに回すとどう動くのかがわかりづらいので、半回転ほど回して動く方向を確認してください。特に赤道儀は直感的に動きが理解し

図6-4　望遠鏡に星をとらえる

づらい（斜めに動く）ので大変ですが、慣れれば違和感なく操作できます。ちなみに中心がわかるように十字線がついたファインダーであれば導入が容易です。十字線の照明ランプがあるときはそのスイッチを入れます。照明ランプがなくても、小型の懐中電灯や携帯電話のライトなどでファインダーにわずかに光が入るようにしてやると十字線が見えます。

ファインダーの中心に対象の星が入ったら、望遠鏡本体のアイピースをのぞき込んでください。すると大きくぼんやりとした明るく丸いものが見えているはずです！

しかしなぜぼんやり見えているのでしょう？　それはピントが合っていないからです。次の節でピント合わせと、星見の楽しみ方を説明していきます。

6-3 星を見つめる

せっかく望遠鏡に目的の星をとらえても、ピンぼけしていてはきれいに見えず、これでは観察に進めません。次の仕事はピント合わせです。ピントはアイピースの種類や人の視力によって変わるので、ピントノブを決まった位置に合わせておけばピントが合うというものではありません。以下に典型的なピント合わせの仕方を説明します。

ピント合わせ

アイピースをのぞきながら、ピントノブをどちらの方向でもよいので一回転ほど大きく回し、もとの位置あたりまで戻してみてください。するとどちらかの方向では目的の星が大きくなり、逆の方向では小さくなったと思います。次は小さくなった方向に回し続けてみてください。すると今度は星がどんどん小さくなっていきますが、あるところを境に再び大きくなっていきます。ピント合わせは、単純にいうとこの境目、つまり、星が最も小さくなったところに合わせることなのです。ぴったりピントが合うと、星は輝く点に近くなることでしょう。

言葉でいうと簡単そうですが、このピント合わせは慣れが必要です。一等星のように明るい星や、地形が見える月の場合、ピントが合っているか、わかりやすいのですが、惑星表面や星雲などの淡い模様を持つ天体でピントを合わせようとすると、合っているかどうかよくわからず判断がつきづらいものです。明るい恒星でピントを合わせ、次に暗い恒星で合わせるという順で進んでいきます。淡い天体ではその天体でなく、同じ視野内にある恒星でピントを合わせるようにします。

望遠鏡を使って星を見るまでの苦労と喜び

苦労してやっと導入できた星を、アイピース越しにじっと見つめてみてください。目の前できらきらと瞬く星が宝石のようにきれいですよね。星は空を眺めるだけでもきれいなものですが、望遠鏡で見る星はそれとは違った楽しみがあります。覚えなければならないことも多く、はじめのうちは苦労の連続だと思います。しかし自分の手で望遠鏡を操り、自分の目で今まで知らなかった世界を見ることはすばらしい体験です。さらに、

図6-5　ピント合わせ

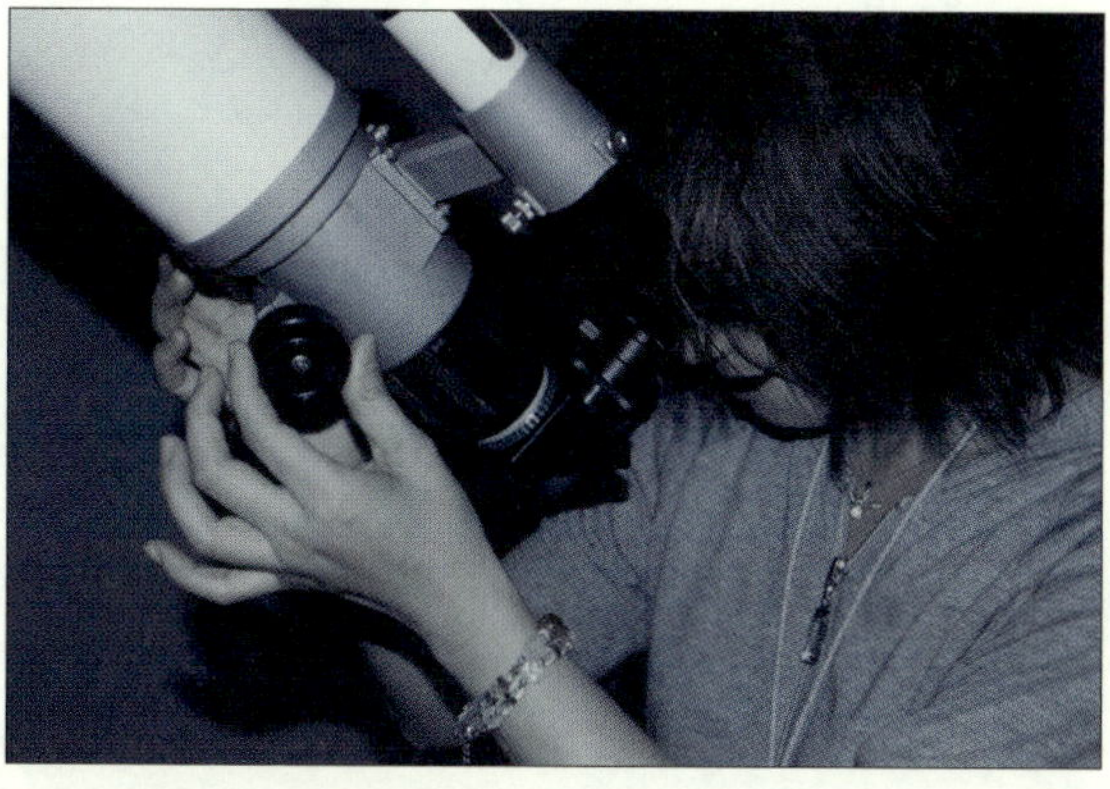

だれか他の人、友達、家族、恋人、まったく知らない人とでも、星を見る喜びを共有できたときの喜びはすばらしいものです。

はじめのうちは「もう難しくてダメだ！」と挫折してしまいそうなときがあるかもしれません。そんなときは近くで開かれる観望会などのイベントに行くとよいでしょう。星を見ることの楽しさと感動、それを他人にも伝えたいという気持ちが沸いてくるはずです。そのモチベーションをもとに、いつかは自分も「星空案内人」になれるよう頑張りましょう！

観望会・ガイドツアーでのノウハウ

自分で望遠鏡を扱えるようになったら、次は、星空案内で他の人に星を見せることにも挑戦しましょう。そこで私が今までに観望会・ガイドツアーのなかで得た、お客さまに星見を楽しんでもらうノウハウをいくつか紹介します。

観望会・ガイドツアーでは望遠鏡を一つの天体に向けたままということは少なく、いろいろな星に向けることになります。その際、高倍率の状態だと低倍率のときに比べて望遠鏡にとらえるのに時間がかかってしまいます。また望遠鏡の倍率を上げるとかえって淡く見えるということは第4章にも書かれているとおりで、高倍率過ぎるとかえって見栄えが悪くなることがあります。ですが低倍率の場合、ちっぽけで見栄えがよくないと思うかもしれませんが、しっかりした像で見えるので観望会・ガイドツアーにおいては低倍率にしておくことが最も無難な選択です。高倍率(短い焦点距離のアイピース)はお客さまからリクエストがあったときにつけるくらいの気持ちでよいでしょう。

天頂プリズムをつけておくと望遠鏡が真上を向いたときをはじめ、つける前よりも楽な姿勢で見ることができます。

観望会・ガイドツアーは家族連れで来るお客さまが比較的多いのですが、子供の身長だと見る位置が高すぎる場合があります。大人でも背伸びをしても見えない高さのときすらあります。そんな状況ではじっくり星を見ることができないので、踏み台を一つ用意しておく必要があります。ホームセンターなどで購入するとよいでしょう。三段くらいのものは座ることもでき、いろいろと使えます。

小さい子供はアイピースを「のぞく」という行動自体を知らないことがあります。紙を丸めて筒を作って、筒を通して見るということをやってみて、「のぞく」という動作を理解してもらわないと観察は無理です。しかし、非常に年齢が小さい場合、これはすぐにはできないようです。

コラム

自動導入という道

天体望遠鏡の操作で一番苦労するのが、見たい天体を導入することだと思います。月や惑星は肉眼で確認ができるので何とか導入できても、星雲や星団になると、淡い天体が多いので慣れるまで大変苦労します。天体望遠鏡を購入しても、見たい天体を導入できずに押し入れに入れっぱなしで埃をかぶっている可哀相な望遠鏡の話もよく聞きます。しかし、今ではそんな苦労をすることなく、天体の位置を知らなくても、望遠鏡が導入してくれる自動導入機能付きの望遠鏡があります。

代表的な機種には、MEADE の LX シリーズ、ETX シリーズ、セレストロンの NeXStar シリーズ、ビクセンの SPHINX シリーズなどがあり、望遠鏡の種類や口径、価格もさまざまです。この三種類の望遠鏡に共通していることは、どの望遠鏡にもリモコンのようなコントローラーがついていることです。SPHINX シリーズになると、星図表示機能付き液晶コントローラーがついています。そのコントローラーに見たい天体を入力することで、天体を自動導入できます。

例として MEADE 望遠鏡の使い方を簡単に説明します。まず、できるだけ平らな場所に望遠鏡をセットしてください。明るい日中にファインダーを合わせておきます。必要であれば天頂プリズムをつけて、接眼レンズ（最初は低倍率のもの）をつけます。MEADE の架台は経緯台式です。ACアダプターや電池などを使い電源を確保します。鏡筒を水平にして北の方向に向けます。

自動導入といってもすべて望遠鏡がやってくれるのではなく、いくつかの星を使って望遠鏡の位置や現在の方向を教える作業（アライメント）が必要です。電源を入れ、コントローラーに日時や場所を設定します。案内に従って基準星を導入し、それが確かに見えていることを確認して、初期設定が完了します。初期設定を正しく入力できれば、あとは見たい天体を入力して導入することができます。

次に、一番大切なピント調整ですが、MEADEはシュミットカセグレン式の望遠鏡ですので、鏡筒の接眼レンズをつけるところの右側にピントノブがついています。それを回し、ピント調整をしてください。なお、望遠鏡によってピントノブの位置が違いますので説明書をよく読みましょう。星空案内のときは、観察する人自身に自分の視力に合うようにピント調整をしていただくほうがよいでしょう。

この望遠鏡は、パソコンとつないで専用のソフトを使えば、マウスで見たい天体をクリックするだけで自動導入することもできます。MEADEの一番新しい機種ではGPSの機能がついているものがあり、初期設定のときに日時、場所を入力することなく、基準星を入力するだけで、自動導入できます。

私もMEADEの望遠鏡を使っていますが、今まで手動でどうしても入れることができなかった天体を導入できますので、星空を見るのが楽しくなりました。観望会など、イベントで使うと大変便利です。天体望遠鏡の購入を考えている方は、自動導入付きの望遠鏡も購入リストに入れてみてはいかがでしょうか！

6-4 望遠鏡で見る星々

代表的な天体

小さな望遠鏡で観察できる天体にはどんな種類のものがあるでしょうか。いくつか代表的なものを挙げてみます[*1]。

・二重星

はくちょう座には、全天一美しいといわれる二重星があります。はくちょう座の十字形を作る明るい星の南端の星がβ星（アルビレオ）です。この星を望遠鏡で見ると、オレンジ色の3等星アルビレオに寄り添うようにエメラルド色の5等星が光っています。いつ見ても美しいカップル星だと、うっとりします（口絵ⅷ頁参照）。

・散開星団

散開星団が並んでいるので二重星団といわれるのが、ペルセウス座h－χ[*2]です。西側の星団がhで東側がχです。カシオペヤ座から探します。

(＊1) 詳しくは、小望遠鏡による観察対象はその見つけ方、位置などについてたくさん本が刊行されているのでそれらを参考にしてください。

(＊2) h-χの探し方については、P.195を参照。

・球状星団

球状星団の代表として有名なのがヘルクレス座のM13です。うしかい座のアークトゥルスとこと座のベガから「手のものさし」で探してみましょう。双眼鏡で見ると、恒星と違って、ぼうっとした天体が見えます。やまがた天文台では「まりもちゃん」と呼んでいますが、まったくそんな感じです。少し大きい望遠鏡で見ると中心が明るく周りに細い星がたくさん見えます（口絵viii頁参照）。

・散光星雲

オリオン星雲が最も明るく、人工の光が少なければ肉眼でもその存在が確認できます。オリオンの三つ星から南に下がって小三つ星がありますが、この小三つ星の中央の星にねらいを定めて、観察してみてください（図5－14）。芒洋とした光が認められたら、それが星雲です。背景光が少なければ翼を広げた鳥のような形に見えます（口絵vi頁参照）。しかし、小型の望遠鏡では、写真集にあるような

図6-6 ヘルクレス座　M13の探し方

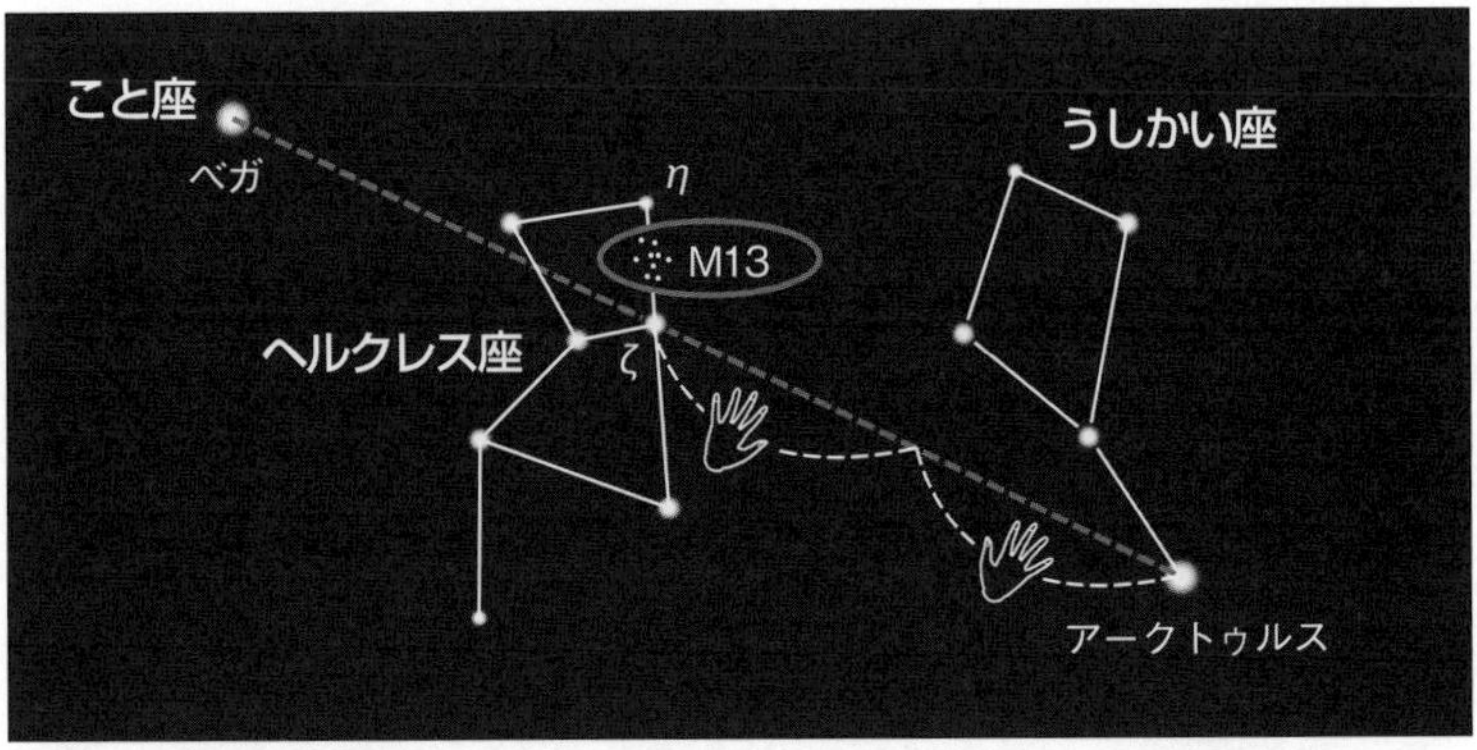

アークトゥルスから「手のものさし」で2個分をベガに向けて並べます。小指の左端のところに四辺形が見えます（ヘルクレス座）。西の辺、η星とζ星の間にM13が見えます。

雲のひだまでは見えないでしょう。大きな望遠鏡で感度のよい写真で撮ることによってあのようなひだや色が確認できるのです。

・**惑星状星雲**

こと座にあるリング星雲が、比較的見やすいものの一つです（図3－5）。惑星状星雲は大きさが小さく淡いので望遠鏡の能力が試されます。ちょっとお金をかけて、口径8センチの屈折望遠鏡や口径10センチ以上の反射望遠鏡が必要です。また、天候や光害による背景光がないことも重要です。

・**銀河**

アンドロメダ銀河が最も見つけやすい銀河です。見かけの大きさが2度ほどもありますので、これは望遠鏡よりは口径の大きな双眼鏡が最もよく見えます。望遠鏡で見ると視野におさまらなくて、中心部の明るい核のみがぼんやりとした光で見えることになるでしょう。写真集で見るような渦巻きは非常に淡い光なので、背景光が少ない観測場所で見ることがまず肝要です。

望遠鏡で見る銀河としては、おおぐま座にあるM81とM82という隣り合った二つの銀河が見やすいものです（図1－2）。挑戦してみましょう。

銀河や星雲は非常に淡いので、望遠鏡の視野のなかに入っていても、どれかはっきりしませんが、それらしい天体が見えたら、視野のなかで、その天体から少し目をそらしてみたり、鏡筒を軽くたたいて振動させて見ると、はっきりします。

星空案内におすすめの天体

星空案内人（星のソムリエ）の資格を取ったら、ぜひ天文台での案内や観望会などで説明役を買って出てください。案内といっても季節や場所によって見せることができる天体が変わってきますので、星空案内のときにおすすめの天体を紹介します。

・月

小さなお子さんでも、見てわかりやすい月は一番人気のある天体です。月のクレーターを見て「すごい！」、なかには何もいわず長い時間見入っている方もいます。そして一言「いや〜！　いいものを見せていただいてありがとう！」とおっしゃって帰られた方も。そんな風にいわれると嬉しくなりますね！　携帯のカメラで、写真を撮っていかれる方もいます。

・惑星

月の次に人気があるのが惑星です。特に土星は、望遠鏡で輪が見えることに驚く方が多く、「写真でも貼り付けているんですか！」とおっしゃった方もいました。木星も縞模様や四大衛星が見え、条件がよければ大赤班も見ることができます。もちろん金星や接近中の火星、天王星などを見たいという方もいますので、観望できるときは導入してみましょう。

・二重星、恒星（1等星）

意外と思う方もいると思いますが、1等星など明るい恒星も大変人気があります。いろんな恒星を入れて、色の違いなどを見ていただくのもよいかもしれません。二重星も色の違いを見ていただくのによい天体です。特にはくちょう座にあるアルビレオは、色の違いがはっきりわかるので、人気のある二重星です。そのほかに北斗七星のミザール、アルコルなど二重星はたくさんありますので、自分でおすすめの二重星を決めておくとよいでしょう。私が最近、観望会などで見ていただく恒星は、北極星です。これは双眼鏡で見ます。北極星を入れて北極星と周りにある星を線で結ぶとハートの形になるのです。まだ見たことがない人はぜひ見てください。はたしてハートに見えるでしょうか。

・星雲、星団

星雲、星団は見る場所や空の状態で見え方が変わってくる天体ですが、M天体（メシエ天体）は、街中でも確認できる天体もあります。次の天体がおすすめです。

・春　M44（かに座プレセペ星団）、M3（りょうけん座球状星団）
・夏　M57（こと座リング星雲）、M13（ヘルクレス座球状星団）、M22（いて座球状星団）
・秋　M31（アンドロメダ銀河）、ペルセウス座の二重星団
・冬　M45（プレアデス星団）、M42（オリオン星雲）、M35（ふたご座散開星団）

このほかにも見ることができる天体もあると思います。自動導入の望遠鏡なら、表示されるリストのなかから自分で選んで見ていただくのもよいでしょう。

二重星団、M45などの星団を双眼鏡で見ていただくと、視野いっぱいの星にみなさん感動されるようです。今までいろんな場所で案内をしてきましたが、来ていただいた方の感動している姿や、お子さんがキラキラした目で望遠鏡をのぞいている姿を見ていると、案内をしている私も嬉しくなります。ぜひみなさんも資格を取ったら星空案内する歓びを体験してみてください。

(*) この章での認定試験は、認定講座を受講する天文台で望遠鏡を操作する実技試験です。したがって、模擬問題はありません。

コラム　望遠鏡を作って、見る

ガリレオのように自らの手で望遠鏡を作って、自分の作った望遠鏡で宇宙を観察します。月をねらった望遠鏡のピントが合った瞬間にはいつも大歓声があがります。こんな小さな望遠鏡でも、月面のクレーター、木星の衛星、土星の環などガリレオ以上の発見が待っています。

①注意深く組み立てていきます。

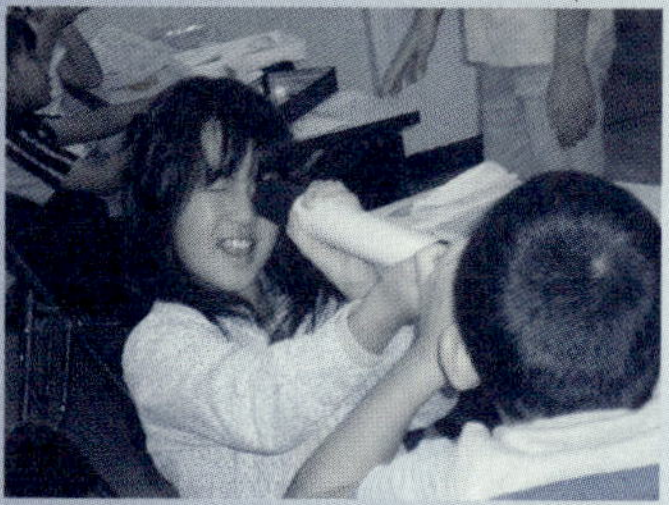

②何か、見えるかな？

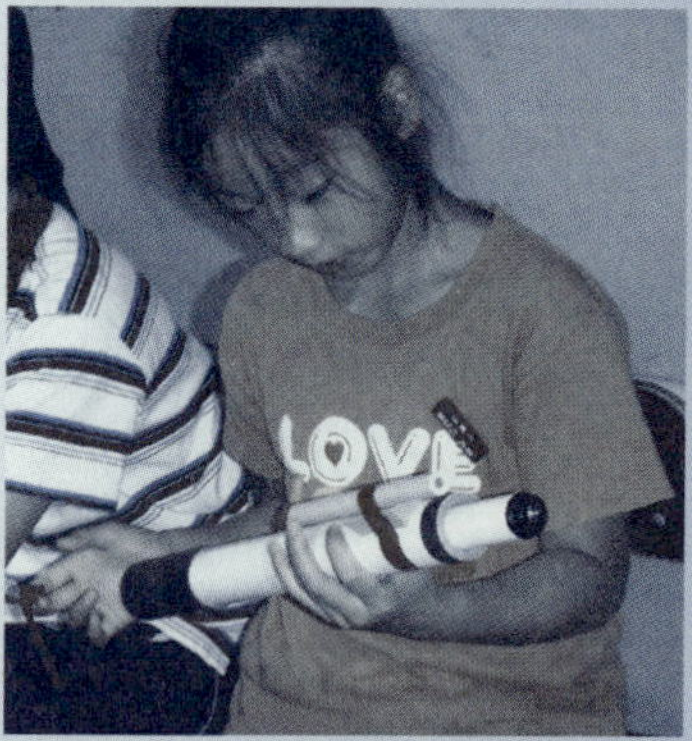

③だんだん、形になってきた

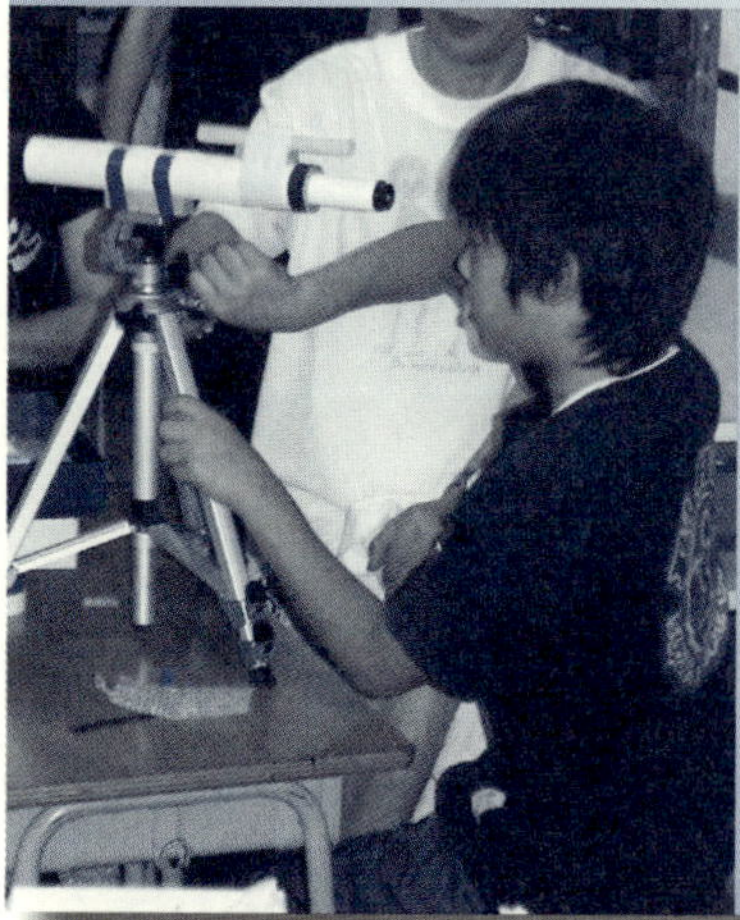

④三脚をつけて…

⑤見えるよ！見える！

第7章
実践！星空ガイドツアー

7-1 ガイドツアーの楽しみ

オランダのユトレヒトにある世界的に有名な「オルゴール博物館」が、私とガイドツアーとの出会いの場でした。多くの博物館では展示物を来館者が見てまわる「巡覧方式」が行われています。しかし、このオルゴール博物館は、入館して勝手に見てまわることはできません。定期的に出発するガイドツアーで見学します。ガイドさんの案内で、古いオルゴールから順にオルゴールの歴史を見てゆきます。要所、要所で実際に動かして曲を楽しみます。

ときどき、参加者と冗談を言い合ったり、クイズをしながらガイドが進行します。

「このパンチカードのプチプチはなんだと思いますか。」

というガイドさんの問いかけに、

「トリル」

なんて、声が参加者のなかから聞こえます。「トリル」は装飾音の一種で、日本の音楽でいうと音の「こぶし」のようなものです。実物を見ながら、曲を聞きながら、しかも肉声の説明付きで、なんとわかりやすかったこと。「幸せ」を感じた一日でした。

このときの幸せ感がやみつきになり、私はガイドツアーのとりこになってしまいました。

みなさんは、観光地や科学館でガイドツアーをしてもらう幸せを経験したことがありますか。まででしたら、ぜひ、体験してみてください。

一方、科学館や博物館で展示パネルを自力で読むのはかなりつらい仕事です。パネルを読む気になれなくて、すべてパスした経験はありませんか。随所に係員が立っていても、さすがに「さっぱりわからないので全部解説して」とは頼めません。ところが、ガイドツアーがあれば、すべては一変します。録音テープのガイドもありますが、質問できないのでダメです。

ガイドは、結局のところ幸せを売る仕事だと思います。星空のガイドツアーがあればどんなにか楽しいでしょう。星空のガイドをする人を「星空案内人」と呼ぶことにしましょう。

図7-1　オルゴール博物館のガイドツアーの様子

オランダはユトレヒトにあるオルゴール博物館。ここでは、ガイドツアーによる参観が基本です。
http://www.museumspeelklok.nl/

7-2 星空案内人の資格について

星空案内の話題は広い

いざ、星空案内をしようとすると、それは勇気のいることです。宇宙に関する知識といっても、それはほとんど無限にあって、どこまで知っていればよいのかきりがなく、いくら勉強しても自信が持てないからです。お客さまが自分より知っていたらどうしよう、という不安も沸き出てきます。

星空案内のときの材料になる話題を以下三つの分野に分けてみました。

・天文・宇宙　宇宙の歴史や構造、天体の種類、自然法則との関連

・観測方法　星座の見つけ方、流れ星はいつ見えるかなど、望遠鏡の種類・特徴・原理・使い方、写真撮影の方法

・文化的背景　星にまつわる神話、伝承、行事、生活習慣、ユーモア、暦

これを見ただけで、驚くほどの広がりがあることがわかります。私自身も、宇宙のはじまりに関する質問にちゃんと答えられないところもありますし、知らない星座も

あります。神話もあまり知りません。私の場合、特に人の名前を覚えるのが苦手で、さらに、人と人の関係、だれそれの子供のお嫁さんがだれで、その長男が——といった話は聞いてもすぐに抜けていってしまいます。

得意、不得意分野は人それぞれです。でも、だれにとっても、知識不足は明らかです。では、星空案内することをあきらめますか？

でも一方で、星についてとても基本的なことでよいから教えてほしい、と思っているたくさんの人がいます。

「あの星が、シリウスだよ。一番明るい星だよ。」

と、ほんの一言、教えるだけで、喜んでもらえることがあるのです。それなら、「十分な案内はできないかもしれないけど、楽しみにして待っている方のために星空案内をしてみよう」という考えが生まれてきます。

資格があれば自信が

そこで、自分は基礎的なことを一通り勉強したんだ、と自信が持てるような資格制度があるとよいのでは、ということになります。星、星座、望遠鏡、宇宙、天文学について、浅いけれどまんべんなく勉強していることが案内人にとっては有利です。星座神話に詳しい人、難しい天文学の本を読破している人、望遠鏡などの機材に詳しい人などがいるでしょう。でも広くバランスよく勉強した人も貴重です。

資格をとれば自信を持って案内できます。資格講座で出てこなかったことを質問されたら、それはかなり専門的な質問である証拠です。「それは専門的な質問ですね」、「私にはわかりません」と返事ができるようになります。

ここが不思議なのですが、いったん、案内をはじめるとみるみる知識や技能が増えてゆきます。一つには、案内をしているうちに疑問がわいたり質問を受けたりしてモチベーションが上がってくるからです。自然と興味が増えて、自分で勉強するようになります。これは楽しい経験です。もう一つは、案内人同士が知り合ったときの情報交換です。星空案内人同士であればすぐに仲良くなって、新しい知識を交換したり、ガイドツアーで出てきた質問についていっしょに考えたりできます。これも知識増進、ガイド技術向上へと結び付きます。

こうしてみると、「まだ、勉強不足だし――」と悩んでいるよりも、星空案内人の資格をとって、星空案内（ガイド）をはじめることで、そのあとは予想もしなかった幸せな世界が開けることがわかります。自分が成長し、仲間ができ、そして、多くの方に喜んでもらえるのです。

全国には、星空案内をしているたくさんのグループがあり、はじめて会った人同士でもすぐにうちとけて情報交換できる雰囲気です。全国に星空案内人が「はびこれば」、日本全国津々浦々で、星を観ながら宇宙を語りあう文化が作られることでしょう。

図7-2　星空案内人認定書

星空案内人の資格を取れば、認定書ももらえます。認定書を手にすると自然と笑顔に！

7-3 星空案内のやりかたと技術

案内は人それぞれ

星空案内の方法について、「こうしなければならない」といったことは何もありません。案内する人、そして、訪れる人、それぞれの宇宙に対する思いを表現してみましょう。いろいろな重点の置き方があります。たとえば、星座を見て神話を語る。本で勉強した理論上の宇宙を、望遠鏡を使って実際の姿を確認して、「あっ、実際にそうなんだ!」と確信する。星空に音楽を合わせてヒーリング効果を狙う。どれもよい考えです。人それぞれの案内の方法があります。

そのような思いを実現するための賢い方法、技術があるなら、身に付けたほうが得です。

「星座の星を指さしするのは難しいが、懐中電灯の光のビームで指し示すことができる」

「望遠鏡で見た月面はデジカメで撮れる」

「パネルを準備しておくと説明が容易になるし、たいへん喜ばれる」

「望遠鏡をのぞいたとき、淡い星雲より、明るいベガの光のほうが人気がある」

これらのことを知っていると、ずいぶんとガイドが楽にできます。

子供が多いときには、クイズも有効です。最近、話題になっているタレントやスポーツ選手と星との関係なども知っていれば、案内を楽しくしてくれます。カルピスの水玉模様は天の川を表しているとか、どうでしょう。

交流が大きな助けに

これらの技術や知識を、一人の力で開発したり調べたりすることは容易ではありません。地域の仲間、全国の星空案内人が情報を交換しあって交流することが大きな助けになりますし、それ自身が楽しいことです。星空案内ボランティアを一人で地道にやることもあると思いますが、会を作って交流する意味がここにあるといえます。

宇宙に対する思い、アイデア、技術、知識、話術、そして、宇宙自身が醸し出す総合芸術として、星空案内の仕事を位置づけてはどうでしょう。そして、星空案内は幸せを売る仕事です。ちょっと大げさになりすぎたので、にわかに実習に移ることにしましょう。

7-4 星空案内のメニューを作る

メニュー作りは献立作り

星空案内（ガイドツアー）の構成をすることは、冷蔵庫の中身と相談しながら献立を考えるのによく似ています。以下では、「やまがた天文台」を例にしてガイドツアーのようすを見てみましょう。

山形市は人口約二十五万の中規模の都市で、天文台は市街地（山形大学理学部屋上）にあります。決して星がよく見える場所ではありません。真夜中、午前二時頃、大学のグランドで天の川を見たという人がかつていましたが、にわかには信じられません。それでも、晴れていれば、北斗七星の七つの星をなんとか確認することができます。星空案内のガイドツアーは、天の川が見えるような夜空でなければならないということは絶対にありません。

一方、やまがた天文台は市街地で、人口密度の高いところであり、アクセスもよいので、たくさんの方に立ち寄っていただけます。これは大きなメリットです。

私たち「やまがた天文台」では、訪問者四、五人を一つのグループとして、星空案内人がガイドツアーをします。一回の案内時間は約五十分です。準案内人がお手伝いに付き添うこともあります。グループの人数は七人くらいまでとして、決して十人以上にはならないようにしています。

魅力的な素材を選ぶ

では、私が行った二〇〇六年十二月二日午後6時15分出発の約50分のガイドツアーのメニューを例にとって考えましょう。まずは、素材選びです。

この日、よく見える惑星は残念ながらありません。しかし月齢11で望遠鏡の観察にはちょうどよい日です。望遠鏡での観察ターゲットは月と決定しましょう。これは今晩の主食ですね。ゴツゴツした立体感あふれるクレーターや山の姿は迫力満点で、これはかならず喜んでもらえるよい素材です。一方、月が明るいので、秋の星座は難しいことを覚悟します。

もう冬ですが、夏の大三角はまだ見えています。クリスマスの夜、はくちょう座がちょうど地面に立てられた十字架のように見えているのを知っていますか。はくちょう座の大きな十字の姿（翼を広げた白鳥の姿）はとても、美しく、それを見ただけで歓声があがることすらあります。十二月まで夏の星座はガイドの対象になることを覚えておきましょう。

イメージをふくらますネタを準備

秋の星座神話は、アンドロメダ姫の話が定番です。この話には秋の星座がたくさん登場するからです。ケフェウス座、カシオペヤ座、アンドロメダ座、ペルセウス座、ペガスス座、くじら座が物語に登場し、星座をめぐりながら話をすることができます。

私は実は神話は苦手です。なので、「小さな天文学者の会」の方にこの話の紙芝居を作っていただき、暗い屋上に上がる前に紙芝居をして、予習してから実際の空を見るようにしています。

星空を見ながら神話を聞くよりも、先に紙芝居

図7-3　はくちょう座が十字架に変身！

クリスマスの夜、はくちょう座が十字架に変身。大地に十字架が立てられたように見えます。これも、ガイドツアーのときに紹介するとよいでしょう。

をして、次に、実際の空を見ながら話をもう一度繰り返すほうがよくわかるようです。おそらく、見学者一人一人がさっき聞いた話や見た絵と美しい星空とを頭のなかで重ね合わせて、想像力をたくさん使っているからだと思います。また、映像文化の発達した今、紙芝居がかえって喜ばれるのも不思議な体験です。

いずれにせよ、秋の星座神話は今晩はあきらめます。代わりに、私の好みでこと座の神話（オルフェウスの竪琴の話）にしましょう。この話は、グルック作曲のオペラになっていたり、似たモティベーションの日本の神話、伊邪那岐《いざなぎ》・伊邪那美《いざなみ》の命《みこと》の話があり、話題が広がりやすい神話です。さらに話題が発展すれば夫婦の関係について意見交換があったりなんかして、ガイドツアーが変に盛り上がることもあります。若いカップル、壮年の男女がお客さまに多いときはよいですが、子供がいるとちょっと困ってしまうこともあります。

1等星では、フォーマルハウト（秋の一つ星、みなみのうお座）と、カペラ（ぎょしゃ座）は見えるでしょう。プレアデスが昇ってきています。これは双眼鏡でもとてもきれいです。これを、メインディッシュにしましょう。

こんな感じで、三品（月の観察、こと座の神話、プレアデス）を柱にして案内計画を立てます。50分のツアーではネタは三つくらいで十分です。

星空案内に慣れてくると、夜空を見上げてとっさにメニューを考えたり、お客さまの顔ぶれ（子供が多いとか）や興味に合わせてメニューを変更することができるようになります。

図7-4　ときにはこんな準備も…

七夕のときは、七夕飾りや浴衣での演出も。ぐっと雰囲気が盛り上がります。準備は結構大変ですが、楽しくもあります。

7-5 星空案内の実際

当日の準備

これで当日のメニューが決まりました。いよいよガイドツアー当日です。受け付け係のボランティアスタッフが天文台を開けます。レセプションのパソコンを立ち上げ、スクリーンには現在の星空を映し出します。星空案内人は懐中電灯、パネルなどの小道具や望遠鏡の準備をします。

「やまがた天文台」では、お客さまに差し上げるお持ち帰り資料としてプリント（四ページ）を準備しています。そこには、その月に見える星空の図、星座物語、天文学的な話などが書かれています。これをガイドツアーのときに利用することもあります。また、自分独自の資料を準備しておき、それをお渡しすることもあります。天文台には、星の大きさを比較するときのための発泡スチロールの球やピンポン玉、いろいろなイラストを書いたパネルなど、たくさんの小道具が置いてあります。

導入は軽いジョークや簡単な質問で

さて、時間になりましたので、ガイドツアーに出発です。私のガイドツアーの流れはこんな感じです。まずはじめに、レセプションに集まったお客さまを前にあいさつと自己紹介をします。

「こんばんは。今日はやまがた天文台にお越しいただき、大変ありがとうございます。本日の案内を致します、星空案内人の○○○○と申します。どうぞよろしくお願いいたします――。」

軽いジョークや簡単な質問でなごやかな雰囲気を作るように努力します。

「何が見たい?」

「今日はぜひ、これを見たいという希望がありますか?」

「普段から、星空をよく見ますか?」

「自宅付近は空が暗くて星がよくみえますか?」

などの問いかけが導入に使えます。かなえてあげられる希望があったらかなえてあげましょう。喋りっぱなしにならないようにすることがポイントです。できるだけ、参加者からの発言を引き出すようにします。

訪問者同士が初対面でも、最初のこの段階で訪問者同士で会話ができると、その後のツアーで質問が出やすくなり、ガイドツアーが盛り上がります。初対面でも、星空案内人と参加者とで家族のような雰囲気を作れることがあります。こうなれば、ガイドツアーは確実に成功します。なので、最初のあいさつの1分間は非常に重要です。

図7-5　さわやかなあいさつでなごやかな雰囲気作り

7-6 ツアーのはじまり

今晩の星を予習

次は、予習段階です。パネルやスライド、星空シミュレーター（ステラーナビゲータなど）で今晩見える星を予習します。今日はこれを見てやるぞ、と事前にモチベーションを持っていただくと、実際の観察がとても賑やかに楽しく行えます。同じ考えで、私は、星座神話の紙芝居などはここでやってしまいます。

この日は、星座のパネルで夏の大三角と関係した星座、明るい星を説明します。

「まだ、夏の星座が見えていますよ」

「そろそろクリスマスですが、クリスマスの夜はこのように十字架が見えます。はくちょう座です」

など、予定されたネタを披露します。

こと座にまつわるギリシャ神話の紹介をして、

「似た話が日本神話にあるのを知っていますか？」

などと話を広げます。話が苦手な案内人は、お話はコンピュータのソフトにお任せという手もあります。星座表示ソフトには、プラネタリウムの解説などがあらかじめ録音されており、ボタンを押せば解説が聞けるようになっているものもあるのです。

私自身は天文学者で神話は苦手ですので、時には、はくちょう座に見つかったブラックホールや星の一生の話に逃げてしまうこともあります。しかし、宇宙の構造や歴史など天文学的な話も非常に喜ばれるテーマです。もちろん、星座神話も非常に人気があります。天文学から神話まで、そのカバーする範囲の広さが星空案内をすばらしいものにしてくれます。ここは資格を持った星空案内人の面目躍如というものです。

屋上に移動して、ゲームで目を慣らす

ひととおり予習が終わったら、観測場所である屋上に移動します。途中の経路に展示物、ポスター、写真などが展示されているので、これも質問があったりしたら説明しています。山形大学は珍しい大学で、夜中にこうして一般市民のみなさんに大学を公開しています。途中見るポスターなどには、生物あり、化学あり、地球科学あり、数学ありで、普通の公開天文台とは違った雰囲気を持っています。「こんな夜遅くまで院生のみなさん勉強しているのですね」といった感想も聞かれます。ガイドがつい

て案内するからできることですね。

屋上に上がったら、「一番明るい星を探してみましょう。今見えている星のなかで一番明るい星はどれでしょう。指さしてください」といったゲームをします。お互いを見ながら、人によって一番明るい星が違ったりするので結構面白いゲームです。地平線ぎりぎりの明るい星を見逃さない方もいます。一番明るい星が決まったら、「二番目に明るい星はどれでしょう」というふうにしばらく競い合います。

このゲームの狙いは、探しているうちに目が慣れてくることです（5分くらいかかります）。問わず語りに、「だんだん見えるようになって来た」「どんどん（見える）星が増えてゆく」という声が聞こえてくることもしばしばです。

また、ただ眺めているだけで楽しい発見が待っています。山形ですと、まず、飛行機の多いことに驚かされます。うまくすると、流れ星も流れます。大歓声です。

この日は、おりひめ星（ベガ）とカペラが0等星で一番明るく見えています。月が明るいけど（月は恒星ではないので考えにいれていませんね。これはジョークで使います）。

図7-6　屋上で目を慣らす

ベガ、デネブ、プレアデスを見る

ゲームを先にやったので、おりひめ星（ベガ）はわかっていますから、「おりひめからほぼ水平に南に40度、つまり、手の平二つ分移動すると、ひこぼしがあります。これがわし座のアルタイルです」といった具合に誘導できます。このあたりでは懐中電灯を使ってのポイントはしません。おりひめから天頂（頭上）に向かって20～30度、手の平一つと半分くらいではくちょう座デネブに至ります。

はくちょう座の十字形は懐中電灯のポインターがあったほうがよいかもしれませんね。デネブははくちょうの臀部《でんぶ》といった駄洒落は私くらいの歳でないと通じません。

プレアデスを見るので、今日は双眼鏡を出します。これはとてもきれいなので見るだけで十分満足していただけます。状況やお客さまの興味に合わせて、日本名の「すばる」について名前の由来を話したり、「すばる望遠鏡」について話したり、散開星団について天文学的な内容で話したり、これは臨機応変です。

屈折望遠鏡で月面と散開星団の観察

このあと、15センチメートル屈折望遠鏡ドームへ移動します。最初に、簡単に屈折望遠鏡のしくみを説明します。日周運動を追いかける赤道儀も時間があったら説明するとよいでしょう。天体ではなくて機械装置や自動導入に感動する人も多くいらっしゃいます。子供も機械に非常に興味を持つのが普通です。

　では月を導入して、月面の観察をします。

「うさぎがいましたか」

これで、話が盛り上がることもしばしばです。うさぎがついているのは日本では餅で、中国では薬草といったことが役に立ちます（＊1）。天文学的なことに興味のある参加者なら月がどのようにしてできたか、という話題がよいかもしれません。これについてはジャイアントインパクト説の説明をしています（＊2）。

「今日のガイドツアーも終わりに近付きました。最後に、プレアデスの仲間を見ましょう」

図 7-7　ドームで月面観察

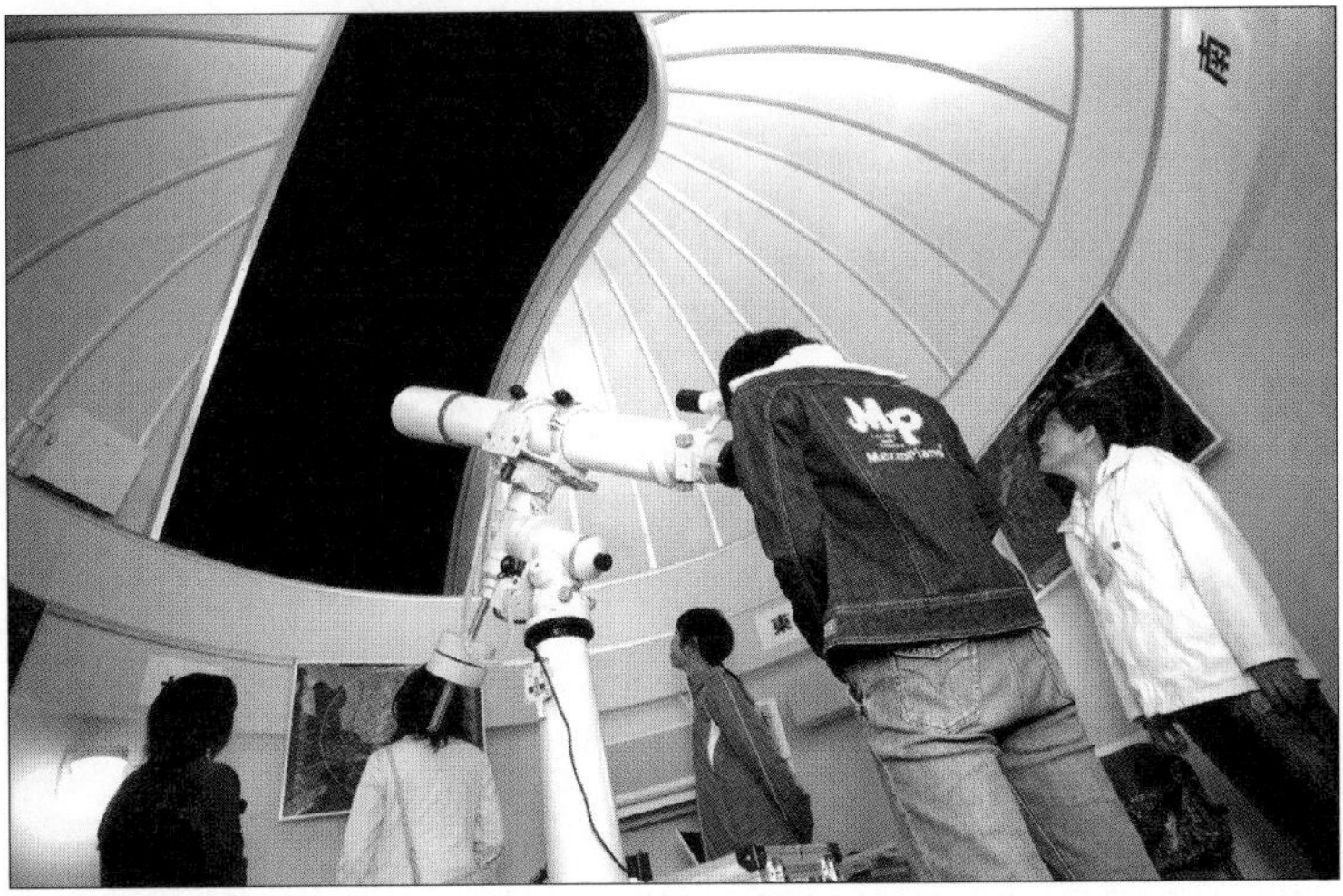

芦野俊一撮影

散開星団を適当に選んで一つ見ます。宝石を散りばめたブローチのような美しい姿にうっとりするでしょう。ポイントは、プレアデスが特別なのではなくて、若い星の集まりは他にもたくさんあることです。宇宙にはたくさんの星団があることを知っていただきたいのです。

カメラ付携帯電話で月の記念写真を撮ったりする暇はないかもしれません。もうそろそろ時間で、次のツアーのグループがやってきます。やまがた天文台では30分おきにツアーが出発します。

レセプションに戻り、ツアー終了

それでは、レセプションに戻ることにいたしましょう。最後に、質問コーナを設け、質問を受け付けます。そして、ガイドツアーが終了します（50分）。

やまがた天文台での最近の試みは、このようなガイドツアーにバックグランドミュージックを入れたり、星にちなんだ生演奏や歌を組み合わせたりするヒーリング型のツアーです。先にもいいましたが、星空ガイドでこうしなければならないというものはありません。みなさんも星空案内で自分の夢を実現してみてください。

（＊1）月のうさぎについては、P.72「2-5　十五夜の月」参照。

（＊2）ジャイアントインパクト説については、P.115〜117参照。

7-7 さまざまな活動形態

前節では「やまがた天文台」での星空案内ガイドツアーを例にとって、星空案内の実際を説明しました。星空ガイドツアーは案内する者にとっても、受ける側にとっても、とても楽しい活動です。この章のコラムに参加者へのアンケート結果を紹介しましたが、これを見てもそのようすが伝わって来ます。ここで紹介した星空ガイドツアーは、星空案内の基本として非常にスタンダードなやり方だと思います。しかし、これ以外にもたくさんの星空案内の方法があります。いくつか例を見てみましょう。

①街角ライブ

人通りの多い繁華街に望遠鏡を持ち出して、通りがかりの人に見ていただくというものです。空を見上げる機会がほとんどない方々に、むりやり宇宙を見せようというものです。

②星空教室

野外の広い場所を確保して、望遠鏡などを持ち出して星空案内します。望遠鏡ばかりでなく裸眼による星座観察も重要です。小学校、公民館、同好会主催の観望会など非常に盛んに行われている活動です。病院で長期療養をしている方などへ、普段星を見る機会がない方のための出前も喜んでいただけると思います。

③四次元シアターやプラネタリウム解説

星空やイラストやアニメーションなどを映し出せるシアター施設で解説するのも星空案内人の重要な仕事です。「やまがた天文台」では、国立天文台で開発した四次元デジタル宇宙シアターのソフトと、移動可能で立体視可能な小型プロジェクターとスクリーンシステムをいち早く導入し、独自の解説方法で上映しています。自動上映の道を選ばないで、生の声の星空案内で続けたいと考えています。

まだまだいろいろなやり方があると思いますので、みなさんで工夫してみてください。

図7-8　四次元シアターも人気

7-8 仲間作りと情報の入手

情報交換や助け合い

星空案内の賢い方法や技術はとても一人で開発できるものではありません。星空案内人同士で情報交換したり助け合ったりすることが明らかに必要です。ほんとうにいろいろなやり方があるものです。

新しい知識を取り入れたり、自分の理解を確認するためには指導者が必要です。それもテーマごとに必要です。たとえば、科学館やプラネタリウム専属の学芸員の先生が仲間にいると心強いですね。最新の天文学の状況を踏まえた知識となると、プロの天文学者がそばにいるとさらにうれしいです。最新式の観測機材（望遠鏡、カメラなどなど）や観測方法を熱心に調査・研究している方がそばにいるといろいろ教えてくれます。星座神話に詳しい人も近くにいるとうれしいですね。そういった、非常に専門的な知識を持った人を擁した活動グループがありますので、近くに見つけて、仲間に入るとよいでしょう。

グループや会を作ることのメリットは案内の知識が増えたり、勉強の機会があるだけではありません。何人か集まって大がかりなイベント、星空フェスティバルのようなことができます。また、グループや会には学校や公民館から、星空教室の依頼などが来ます。せっかく星空案内人になったら、出番が多いほうがそれだけ幸せになれます。自分の出番を作る場所としても、星空案内人のグループや会は重要です。

十分な経験がないときは…

もし、あなたがまだ十分な経験がなくて積極的に星空案内ができないとします。そのときは、経験豊富な案内人のガイドツアーに助手としてついてゆき、手伝いながらやりかたを覚えるとよいでしょう。

次の段階では、自分が案内して、でも心配なので、案内人に付き添ってもらい、危ないときは助けてもらうという手もあります。また、得意分野を分けあって二人で案内するなどして、徐々に慣れるようにします。このようなときは、星空案内をしている天文台や科学館にボランティア登録するとうまくいきます。

7-9 安全の確保

暗いところなので、安全確保は必須

ガイドの役割で忘れてはならないのは安全です。暗いところを歩くので、ステップで転倒したりするかもしれません。子供やお年寄り、赤ちゃんを連れている人などには、介助したり、注意を促すなど気を配ってください。高いところによじ登ろうとしたり、走り回ったりする子供がいたら、すぐに注意します。

過去の判例をみると、過失による傷害については、ボランティアであっても罪が軽くなることはありませんので、十分に注意して星空ガイドツアーに臨まなければなりません。

事前確認を忘れずに

自分の活動する施設、あるいは、イベント会場などについて、安全が確保されているか、しっかり事前に確認しましょう（ボランティアのときは主催者の説明を十分に聞き、疑問点があればしっかり質問してください)。また、以下の点について前もって調べておきましょう。

・活動場所(当日の責任者)の連絡先電話番号
・緊急時の連絡先(警務員室など)
・火災や地震のときの避難場所
・小さな怪我のときの救急箱の位置
・消火器の場所
・万一のための保険の加入状態の確認

備えあれば、憂いなしです。十分に対策して、星空案内をお楽しみください。

図7-9　安全確保で楽しく星空見学

(*) この章での認定試験は、認定講座で指定した場所で実際に星空案内をする実技試験です。したがって、模擬問題はありません。

コラム

人気の天体は?

やまがた天文台ではガイドツアーの修了後、時間があるときにはアンケートをとっています。その結果のなかから人気の星のランキングをしてみました。どんな星が上げられたと思いますか。

・印象に残った天体ランキング

1位	月	74人
2位	木星	57人
3位	土星	56人
4位	すばる	30人
5位	アルビレオ	27人
6位	火星	20人
7位	ベガ	14人
8位	夏の大三角	13人
9位	望遠鏡、施設、ドームの開閉	12人
10位	シリウス	11人
10位	アルクトゥールス	11人
12位	オリオン星雲	10人
13位	リング星雲	8人
14位	流星	7人

(以下省略)

ガイドのときの参考にしてください。散開星団、球状星団も見せているのですが、望遠鏡の口径が小さいのでいまいち得票が上がっていません。夜だけなので、太陽は見ていません。

付録
星空案内人資格認定制度について

制度の趣旨

豊富な知識と経験からおいしいワインを選んでくれるソムリエのように、星空や宇宙の楽しみ方を教えてくれるのが「星空案内人」です。より多くのみなさんが、星空案内人として公開天文台・科学館・学校などで教育・指導にあたったり、地域のボランティアとして活動してくださることを期待して、「星空案内人資格認定制度」を創りました。

これらの活動は、天文学はもちろん広く自然科学を普及するために貢献するものです。また、宇宙というテーマゆえに、こころ豊かな生活の場の実現にも役立つものと信じます。

星空や宇宙に関する知識や技能は非常に幅が広いので、上記の活動に積極的に参加する人材を養成することが重要と思われます。この制度はそのような幅広い知識や技能を有することを一定の基準を設けて認定することにより、そのような人材の養成や社会への貢献活動を促進する機能を果たそうとするものです。

「星のソムリエ」は星空案内人を表す愛称です。

歴史

星空案内人の資格認定は、二〇〇三年十月の「やまがた天文台」のオープンと同時にそこで行われる星空ガイドツアーを行うガイドを養成し認定するしくみとしてはじまりました。やまがた天文台は山形大学理学部屋上にあり、山形大学理学部とNPO法人小さな天文学者の会の連携によって運営されている公開天文台です。以来、認定基準の適正化、認定講座の講義内容の検討、準案内人の導入等の改善が行われ、現在に至っています。二〇〇六年には科学技術振興機構（JST）のモデル事業として、山形以外の地域への拡張性を視野に入れて改善したところです。

期待される効果

一定の基準で資格を認定することで自信を持って星空案内の活動ができるようになります。資格取得という道があることで、星空案内する人が極めて特殊な技能の持ち主で誰でもできるものでないという感覚から、市井の習い事と同様に習うことができるという認識がうまれることを期待しています。資格認定講座の受講を通して天文や自然科学に関する知識や技能を持つ方の養成が可能になります。こうして、星空案内の活動をする人口、また、天文や科学の教育・普及に携わる人口がこれまでよりも飛躍的に増加すると期待しています。また、科学普及の観点から、サイエンスコミュニケータの一つのタイプとして位置づけられます。

資格要件の概要

資格認定講座を受講し、そのなかから必要な単位を取得することで資格認定を行うこととしています。星空観察の基礎知識と技能、天文学の初歩的な知識、望遠鏡の操作に関する基礎知識と技能、星空の文化にまつわる基礎知識、星空案内を実際に行う際に必要な基本的ことがらをカバーしています。最終試験は一般市民に対するガイドツアーや観望会における指導を課しています。

いったん星空案内の仕事をはじめると、自然にスキルや知識が向上することが見込まれますので、認定のレベルは「一人前のガイドができる」レベルよりも低く設定されています。それでも敷居が高いので、実技の練習を促進する意味もあり、案内人の前段階で準案内人という資格も設けています。

認定講座の位置づけ

認定講座は、資格認定のための単位を与えることを目的としています。しかし、単に、天文や宇宙の知識、実技の入門として、あるいは単なる興味として（資格に関係なく）受講したい方へも門戸を開き、教養のための講座の性格も持たせています。なので、ちょっと宇宙について知りたいという動機の受講者も歓迎しています。

活動場所の確保

資格認定制度の運営団体は資格を持った人の活躍の場を提供・斡旋する役目をはたしたいと考えています。学校・科学館・プラネタリウム館・公民館等の施設からの希望を受け付けて、星空案内人を派遣する事業も実施することが望まれます。

運営の現状

山形でスタートしたこの制度ですが、当初から遠く関東地方や宮城県からも毎週通いつづけたみなさんが少なからずおいでした。このことから広く普及する可能性がうかがえます。そこで、本制度の広域での実施を模索したいと考え、現在徐々に運営団体を増やす努力をしています。二〇〇七年六月現在、以下の団体が運営し、資格認定講座を開講し、認定を実施することになっています。

山形県山形市　山形大学理学部
山形県山形市　ＮＰＯ法人　小さな天文学者の会
山形県西置賜郡飯豊町　飯豊町教育委員会
福島県郡山市　郡山市ふれあい科学館
東京都三鷹市　ＮＰＯ法人三鷹ネットワーク大学推進機構
兵庫県佐用郡佐用町　西はりま天文台
和歌山県和歌山市　和歌山大学宇宙教育研究ネットワーク

今後も、参加して頂ける団体を募集していますので、ぜひ、関係者の方は御検討ください。最新の運営状況は随時、「やまがた天文台」のホームページで公開しています。

URL: http://astr-www.kj.yamagata-u.ac.jp/yao/

資格制度を運営するためには、大量の事務をこなす職員が必要ですし、教材の作製も必要です。これに関しての財政基盤は現在なく、ボランティアベースで運用されています。この制度の将来性を評価いただき財政支援をしてくださるスポンサーも広く求めています。

星空案内人の資格のとり方

●資格は二段階

資格は二段階になっています。ひととおり講座を受けて勉強してみた、という段階が一つのステップ。この段階で、準案内人という資格が得られます。このあと、実技科目を含む選択科目の勉強が終わると、星空案内人としての活動をスタートしよう、という段階になります。この段階で、星空案内人の資格認定となります。星空案内人として熟練したものに対する資格は現在ありません。

・星空案内人（準案内人）（The Astronomy Guide（Associate Guide））

ひととおりの勉強が終わった段階です。実技の認定など残された単位を取りましょう。天文台に通ったりしながら実技練習を積むとよいでしょう。

・星空案内人　（The Astronomy Guide）

星空案内の実技試験も合格し、実際の星空案内などの活動ができることを認定された段階です。星のソムリエです。これから実践を積んで腕に研きをかけてください。

●資格取得までの流れ

・ステップ1

星空案内人資格認定講座に参加しましょう。各地の天文台、科学館等で開かれている講座、研修会、実技講座などが「星空案内人資格認定講座」として指定されていれば、そこで資格がとれます。講座の開催場所や日時をチェックしましょう。講座は、宇宙を見て、感じて、楽しむためのやさしく楽しい講座です。資格に関係なく、ただ宇宙や星について勉強したい方でも参加できます。

・ステップ2

各講座の単位を取ります。別表のような科目の講座が開かれています。講座を受講し、各科目単位認定を受けます。

・ステップ3

いよいよ資格取得です。別表に従って条件が整えば資格が取れます。講座の主催団体に認定書の交付をお願いします。これで、あなたも星空案内人！　活躍を期待してますよ。

準案内人の資格は比較的簡単に取れます。まず準案内人になりましょう。準案内人になってから、次に、実技の練習をしたり、自主的な勉強を積んで、最終目標の案内人になるとよいでしょう。これまでの実績からすると、準案内人資格は簡単にとれますが、案内人はちょっとハードルが高いようです。少し時間がかかってしまいますが、星のソムリエへの道と思いがんばりましょう。宇宙を見て、楽しみながら。準案内人になったら、観望会や天文台で手伝いしながら技術を身に付け、星空案内人に挑戦するとよいでしょう。

講義科目の単位取得には、講座出席と単位認定レポートの合格が必要です。実技科目の単位取得には、講座に出席と単位認定チェックシートによる実技試験の合格が必要です。

資格取得へいざ出発!

さて、資格に挑戦してみようと思ったら、具体的にどうすればよいのでしょう。単位を取ったり、実習をしたりというのは各地域の認定講座の運営者が

表　認定講座開講科目と星空案内人資格要件

科目		準案内人	星空案内人
必修科目			
「さあ、はじめよう」	講義科目	単位取得	単位取得
「望遠鏡のしくみ」	講義科目	単位取得	単位取得
「星空案内の実際」	実技科目	受講	単位取得
選択科目			
「宇宙はどんな世界」	講義科目	３科目以上 受講	３科目以上 単位取得
「星空の文化に親しむ」	講義科目		
「星座を見つけよう」	実技科目		
「望遠鏡を使ってみよう」	実技科目		

段取りをしています。ですから、認定講座のページを御覧になり、認定講座の開催状況を調べ、講座に参加することからはじめましょう。認定講座についての情報は以下のホームページに掲載しています。

http://astr-www.kj.yamagata-u.ac.jp/yao/ann/

P.19　コラム答え

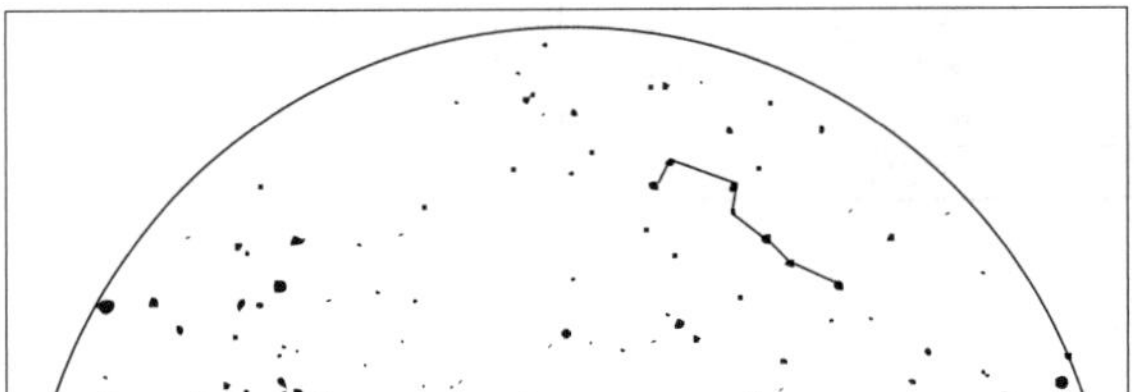

星空案内人認定試験模擬問題　解答と解説

第１章

問１（×） 88 星座が定められました。

問３（×） 赤い星が低温で青白い星が高温です。

問６（×） オリオン大星雲は私たちが住む銀河のなかにあります。

第２章

問２（×） 冬至を境にして、太陽は再び高度をじわじわと取り戻します。そのため、古代の人々にとって「冬至」とは、太陽が復活する日でした。冬至祭は、太陽神の復活を祝う行事です。

問５（×） 19 年間に７回の閏年を設け、閏年は１年を 13 か月として暦と季節を合わせる暦法を「太陰太陽暦」と呼んでいます。日本の旧暦もまた、この太陰太陽暦です。

問７（×） 旧暦８月 15 日の月を「中秋の名月」と呼んで、この日にお月見を行います。しかし、月の軌道は楕円なので、中秋の名月が必ずしも満月になるとは限りません。満月から最大２日ほどずれることもあるのです。

第３章

問１　B　星はそれぞれ質量、明るさ、表面温度が異なっています。

問２　A　重い星ほど寿命が短い。

問３　C　天の川は渦巻銀河と考えられています。

問４　C　太陽は重い元素をたくさん含んでいるので、宇宙の歴史のなかでは、だいぶ後になってできた星と考えられています。

第４章

問２（×） 像が広がるので、暗くなります。

問６（×） 対物レンズや主鏡の口径で、実像のきめの細かさ、つまり、分解能は決まってしまいます。

問９（×） この説明は、赤道儀式の架台についてのものです。

あとがき

星空観察会を主催したり星空案内を実施することを考えて、その実践のために必要な知識をまとめた本はこれまでにあまり出版されていなかったと思います。

やまがた天文台で「やさしい宇宙講座」と呼んでいる星空案内人資格講座も同様です。この講座も本書と同じように広い範囲をカバーしています。そのため、「宇宙についてこれほど全体をとおして学べる講座はない」と受講生から高い評価を得ています。

①宇宙に関する科学的知識（天文学）、②星空観察の技能、③星空の文化、の三つの柱をバランスよく学ぶことで、だれもが「宇宙を見て、感じて、楽しむ」ことができるようになると思います。本書がそのことを検証する一つの例になってくれればと思います。

「やまがた天文台」では二〇〇三年以来、星空案内人資格認定講座を年に二回開催しています。この本は、この四年間の実績をもとにして、講座の講師が協力して書きました。やまがた天文台や講座を支えているのは、星好きの市民が集まった「NPO法人小さな天文学者の会」です。メンバーのみなさんには本文中の写真撮影や資料準備に協力をいただきました。また、講座の受講生に事前に原稿を読んでいただき、貴重なコメントをいただきました。この場を借りてお礼申し上げます。

最後に、いろいろ編集上の無理を聞いていただいた編集部のみなさんにお礼申し上げます。

二〇〇七年夏

柴田　晋平

秋の星空案内

テーマ	観察について	文化的背景について	科学的背景について
秋の四角形 （四辺形）	秋の四角形（見つけ方） P.174		
秋の星座 ペガスス座 カシオペヤ座 ケフェウス座 ペルセウス座 アンドロメダ座	（見つけ方）P.174	秋の星座の神話 P.232	
アンドロメダ銀河 M31	探し方 P.195, 216, 219		銀河 P.43, 104 ～ 106
ペルセウス座 h − χ（二重星団）	h − χの探し方 P.195		散開星団 P.41, 96

冬の星空案内

テーマ	観察について	文化的背景について	科学的背景について
冬至		太陽の聖なる力 P.55 ～ 58	
冬の大三角 冬のダイヤモンド	（見つけ方）P.175 （見つけ方）P.176 ～ 177	カストルとポルックス兄弟 P.177 金星と銀星 P.177	ベテルギウス 赤色 巨星 P.100
オリオン星雲 M42	探し方 P.194, 215, 219		星ができるまで P.94 ～ 96 散光星雲 P.96
プレアデス M45 （おうし座） ヒアデス星団（おうし座） M35 散開星団（ふたご座）	（見つけ方） P.192, 194, 219, 233 ヒアデス 観察 P.194 M35 観察 P.219	「星はすばる」（枕草子） P.192	散開星団 P.41, 96
かに星雲 M1 （おうし座）			星の最期と超新星 残骸 P.101 ～ 102
はくちょう座	クリスマスの十字架 P.231		

季節に関係しないテーマ

テーマ	観察について	文化的背景について	科学的背景について
北極星	北極星の探し方 P.169 ハート形 P.218		天の北極 P.26
月	太陽との位置と月の形 P.180 ～ 182	満ち欠けと不死再生 P.58 ～ 59, 73 ～ 76 太陰暦 P.61 ～ 64 十五夜の月 P.72 ～ 73 月の模様 P.74	ジャイアント インパクト説 P.115 ～ 117
惑星	惑星の動き P.32 ～ 33, P.181 ～ 186	ガリレオ衛星 P.121	内惑星の動き P.183 外惑星の動き P.185 地動説 P.35 惑星の基本情報 P.34 太陽系の天体 P.115 惑星の誕生 P.116

星空案内のための索引

実際の星空案内では、実際に今見えている星座や天体をテーマにすえます。それぞれのテーマについて本書の中でバラバラに書かれていること（観察方法、文化的背景、科学的背景）を組み合わせることになります。そこで、テーマごとに関連するページを挙げてみました。星空案内をするときに御利用ください。

春の星空案内

テーマ	観察について	文化的背景について	科学的背景について
おおぐま座 （北斗七星）	北斗七星の位置 P.168 ミザール（二重星）P.191	おおぐま座の神話 P.10	
M81 M82 銀河 （おおぐま座）	（見え方）P.12, 216		銀河 P.43, 104 〜 106 銀河の衝突 P.12
春の大曲線	春の大曲線（見つけ方） P.170 オレンジ色のアークトゥルスと真珠色のスピカ P.170		星の色 P.22 〜 24
M3 球状星団 （りょうけん座）	（望遠鏡を使って見る） P.219		球状星団 P.106, 107
プレセペ星団 M44	見つけ方 P.192, 193, 219		散開星団 P.41, 96

夏の星空案内

テーマ	観察について	文化的背景について	科学的背景について
夏至		太陽の聖なる力 P.55 〜 58	
七夕		暦 P.60 〜 64 七夕と星祭り P.77 〜 83	
夏の大三角 ベガ（こと座） アルタイル（わし座） デネブ（はくちょう座）	夏の大三角（見つけ方） P.171 〜 173	こと座の神話 P.233	
天の川	（見つけ方）P.173	銀河鉄道の夜 P.38 冥界との境界 P.85 〜 88 カルピスの水玉模様 P.229	渦巻銀河 P.104, 105
さそり座	さそり座と天の川 P.173		
こぎつね座		すき間家具的星座 P.17	
リング星雲	（見え方）P.216, 219		惑星状星雲 P.100
M13 球状星団 （ヘルクレス座）	探し方 P.215, 219 写真 口絵 P. vii		球状星団 P.106, 107
M22 球状星団 （いて座）	観察 P.219		球状星団 P.106, 107
アルビレオ 二重星	美しいカップル星 P.214	銀河鉄道の夜 口絵 P. viii	星の色 P.22 〜 24

た

な

索引

参考文献

第1章

『小学館の図鑑ネオ「星と星座」』（渡部潤一／出雲晶子 編著、小学館、二〇〇七）

第2章

『世界神話事典』（大林太良／伊藤清司／吉田敦彦／松村一男 編、角川書店、一九九四）

『暦と占いの科学』（永田久 著、新潮社、一九八二）

『天文不思議集』（ジャン＝ピエール・ヴェルデ 著、荒俣宏 監修、唐牛幸子 訳、創元社、一九九二）

『占星術－天と地のドラマ』（ウォレン・ケントン 著、矢島文夫 訳、平凡社、一九七七）

『月からのシグナル』（根本順吉 著、筑摩書房、一九九五）

『瓜と龍蛇』（網野善彦／大西廣／佐竹昭広 編、福音館書店、一九八九）

第3章

『天文学への招待』（岡村定矩 編、朝倉書店、二〇〇一）

『１００億年を翔ける宇宙』（加藤万里子 著、恒星社厚生閣、一九九八）

『星の進化』（斉尾英行 著、培風館、一九九二）

『宇宙の灯台』（柴田晋平 著、恒星社、二〇〇六）

『宇宙　その始まりから終わりへ』（杉山直 著、朝日新聞社、二〇〇三）

第4章

『初歩の天体観測』（平沢康男 著、地人書館、一九九四）

第5章

『星座・天体観察図鑑』（藤井旭 著、成美堂出版、二〇〇二）

『双眼鏡で星空ウオッチング』（白尾元理 著、丸善、二〇〇一）

『全天星座百科』（藤井旭 著、河出書房新社、二〇〇四）

『星座への招待』（藤井旭 著、河出書房新社、二〇〇五）

『星座の事典』（沼沢茂美／脇屋奈々代 著、ナツメ社、二〇〇七）

『新版星座ガイドブック』（沼沢茂美／脇屋奈々代 著、誠文堂新光社、二〇〇五）

第6章

『最新　藤井旭の天体望遠鏡教室』（藤井旭 著、誠文堂新光社、二〇〇二）

『星雲星団を探す』（浅田英夫 著、スカイウオッチャー編集部 編、一九九九年）

著者紹介

柴田　晋平（山形大学・理学部、NPO法人小さな天文学者の会）
小学生の頃、星大好きの天文少年だったが、中学生以降、理論天文学に転向し現在は高エネルギー天文学の研究に従事。しかし、心は天文少年のままで、「宇宙を見て、感じて、楽しもう」をスローガンに「NPO法人小さな天文学者の会」を立ち上げて、市民とともに星を愛でる文化と自然科学追求の楽しみの二兎を追っている。一九五四年生まれ。第1、第7章、付録と全体の監修を担当。

稲村　陽子（NPO法人小さな天文学者の会）
小学生の頃、学校の宿題で星座の観察をし、そのときに天体望遠鏡ではじめて月を見て感動。星空、宇宙の魅力にはまる。二〇〇一年に夢だったマイ天文台を建設。二〇〇四年に小さな天文学者の会に入会。その年の春の宇宙講座を受講し、秋に星空案内人に認定される。マイ天文台で星空を楽しむかたわら、星空案内人として、やまがた天文台での案内や出前授業、宇宙講座の講師など市民のみなさんに星空や宇宙の楽しみ方を伝える活動をしている。一九六七年生まれ。第6章を担当。

大野　寛（山形短期大学、NPO法人小さな天文学者の会）
子どもの頃に読んだ図鑑や啓蒙書で宇宙に興味を持ちました。大学院から現在まで、「銀河系の磁場構造」や「銀河団での粒子加速」について研究しています。担当した「宇宙はどんな世界」の内容は、勤務校での授業と会の講座がベースになっています。授業や講座では、宇宙で起きていることをなるべく直感的にイメージしてもらえるよう努めています。一九六六年生まれ。第3章を担当。

佐藤　和也（NPO法人小さな天文学者の会）
天文少年として育ったわけではなく、むしろ天文とは無縁な生活を長い間送っていたが、大学で小さな天文学者の会に入り、目覚める。以降空を見上げることが多くなり、いろんな意味で星や空に依存する日々が多くなっている。一九八三年生まれ。第6章を担当。

須貝　秀夫（NPO法人小さな天文学者の会）

戦争中は中学生だったが、末期には、街灯や家庭の明かりを外に漏らすことが禁止され、町内は暗闇で、澄んだ夜空にまばゆい程に輝く星や天の川に引き込まれた。戦後、単レンズを購入し、望遠鏡を自作し観望を楽しんだ。就職後も仕事と観測が無理なく両立できる分野として変光星を対象に選んだ。現在も、ミラ型や激変変光星をおもに観測している。一九三〇年生まれ。第5章を担当。

鈴木　靜兒（NPO法人小さな天文学者の会）

天文歴は高校時代の黒点観測からはじまった。星は望遠鏡でのぞくのが一番いいと思っているが、たまには写真も撮る。車に器材を積んでの移動観測に徹している。山形天文同好会の事務局もしているので、会の市民天体観望会のほかに、公民館の親子天体観察会等に行くことが多く、星空の解説をたびたびやっている。一九三三年生まれ。第5章を担当。

玉虫　良明（山形県立長井高等学校、NPO法人小さな天文学者の会）

小一夏休みの自由研究で北斗七星の日周運動を取り上げたのを発端として、宇宙に興味を持つ。大学では物性物理を専攻し、現在は高校の教員として物理を教えているが、宇宙への憧れを忘れられず、仕事のかたわら大学院で宇宙論の研究もしている。一九七九年生まれ。第4章を担当。

服部　完治（名古屋市科学館、日本星景写真協会）

学生時代は天文学を勉強していたが、プラネタリウムの仕事に携わってからは「昔の人々が星空を見て何を想っていたのか」に関心が移り、神話学や民俗学の文献を渉猟する日々を送っている。また、失われつつある星空を少しでも記憶に残すため、暇さえあれば山に登って「星のある風景」を撮り続けている。一九五六年生まれ。第2章を担当。写真同人ウルフ・ネット主宰。

●装丁：中村友和（ROVARIS）
●カバーイラスト：福島茂良
●カバー写真：芦野俊一

●本文イラスト：ワダフミエ、高瀬美恵子（技術評論社制作部）
●本文・口絵レイアウト：高瀬美恵子（技術評論社制作部）

知りたい！サイエンス

星空案内人になろう！
～夜空が教室。やさしい天文学入門

2007年10月25日　初　版　第1刷発行
2024年12月14日　初　版　第12刷発行

著　者　柴田晋平、稲村陽子、大野寛、佐藤和也、
須貝秀夫、鈴木静兒、玉虫良明、
服部完治
発行者　片岡　巌
発行所　株式会社技術評論社
東京都新宿区市谷左内町 21-13
電話　03-3513-6150　販売促進部
03-3513-6166　書籍編集部
印刷／製本　日経印刷株式会社

定価はカバーに表示してあります

本書の一部または全部を著作権法の定める範囲を越え、無断で複写、複製、転載あるいはファイルに落とすことを禁じます。

©2007　柴田晋平、稲村陽子、大野寛、佐藤和也、
須貝秀夫、鈴木静兒、玉虫良明、服部完治

造本には細心の注意を払っておりますが、万一、乱丁（ページの乱れ）や落丁（ページの抜け）がございましたら、小社販売促進部までお送りください。送料小社負担にてお取り替えいたします。

ISBN978-4-7741-3197-9　C2044
Printed in Japan